CHICHI
GINKGO IN CHINA

中国垂乳银杏

邢世岩◎主编

中国林业出版社

图书在版编目（CIP）数据

中国垂乳银杏 / 邢世岩主编. -- 北京：中国林业出版社，
2014.10
ISBN 978-7-5038-7639-4

Ⅰ.①中… Ⅱ.①邢… Ⅲ.①银杏 – 研究 – 中国
Ⅳ.① S792.95

中国版本图书馆 CIP 数据核字（2014）第 207297 号

责任编辑：张　华　何增明

出版　中国林业出版社（100009　北京西城区德内大街刘海胡同 7 号）
　　　　http://lycb.forestry.gov.cn　电话：（010)83143566
　　　　E-mail：shula5@163.com
发行　中国林业出版社
印刷　北京卡乐富印刷有限公司
版次　2015 年 1 月第 1 版
印次　2015 年 1 月第 1 次
开本　710mm × 1000mm　1/16
印张　10.5
字数　176 千字
定价　98.00 元

银杏（*Ginkgo biloba* L.）为裸子植物，属银杏科银杏属，俗称白果，公孙树。最早出现于3.45亿年前的石炭纪，曾广泛分布于北半球的欧、亚、美洲。至50万年前，第四纪冰川运动使地球突然变冷，绝大多数地区银杏类植物绝种，唯有我国因自然条件优越，银杏才奇迹般地保存下来，成为我国特有树种。据文献记载，三国时盛植江南，唐代已产于中原，宋朝更普遍。美国的Wilson认为，银杏于6世纪由中国传入日本，1730年由日本引入荷兰乌德勒支植物园，1754年引入英国皇家植物园，1784年引入美国（Del Tredici，1981）。美国宾夕法尼亚大学教授李惠林（Li Hui-Lin，1961）称银杏是历史和现实的珍稀纽带。

银杏成龄树为高大落叶乔木，树高可达40m，胸径可达4m。其树皮为灰褐色，深纵裂，树干广卵形。青壮年树冠圆锥形，树皮灰褐色，主枝斜出，近轮生，叶扇形，秋季变黄，种子核果状，椭圆形，成熟时淡黄色或橙黄色。银杏为深根性树种，寿命极长，可达千年以上，素有"活化石"之称。银杏在中国分布广泛，北至沈阳以南，南至广州，东至江苏、浙江，西至甘肃南部，目前全国在20多个省（自治区、直辖市）广泛栽培。在浙江西北与安徽东南的天目山地带，有天然银杏次生林，是中国银杏的起源地，但至今尚未发现自然生长的银杏原始林。

银杏具有食用、药用、观赏、绿化、防护、用材及科研价值。银杏核仁（白果）具有营养价值和药用价值。核仁中含有丰富蛋白质、淀粉、脂肪等营养成份，含淀粉62%~64%，粗蛋白11%~13%，粗脂肪2.6%~3%，蔗糖5.2%，还原糖1.1%，核蛋白0.26%，粗纤维1.2%，矿物质3%及多种氨基酸、维生素。银杏可直接炒食或煮食。我国早就有"吃白果延年益寿"之说，也有利用白果作干果、药膳和菜肴的习惯，银杏食谱内容也非常丰富。如"诗礼银杏"是山东曲阜孔府传统名菜；"银杏八宝鸭"、"银杏莲子汤"都是有名的风味食品。我国现已有粗加工成白果罐头、白果精、白果露、银杏王、白果仁、白果年羹等多种保健食品，并且畅销不衰。

银杏的药用价值早在《神农本草》上就有记载。明朝李时珍在他的《本草纲目》中称：银杏的种子（白果）有敛肺平喘、止带浊、缩小便的功效，银杏的叶、根、树皮均可入药。银杏中的化学提取物简称GBE（*Ginkgo biloba* Extract），其化学

成分很复杂，主要含黄酮类、萜类、聚异戊烯醇类、烷基酚及酚酸类、脂肪酸糖、多元醇、氨基酸等170余种化学成分。自从1965年德国的史瓦伯（Schwabe）博士首次将银杏叶提取物（GBE）引入医学实践后，欧洲一直把银杏叶用栽培、提取物的分离纯化和制剂生产作为研究重点，这也引起了各国医药界的广泛关注。美国、法国、新西兰、荷兰、比利时等西方国家的生物医药界正在加强银杏的药理研究。银杏叶提取物亦由GBE向AGB进发，有关开发集团、工业企业应运而生。当前世界科学界对银杏提取物的科研和开发，方兴未艾。

银杏有强大的根系，其分布广、入土深，有很强的保水能力，是营造行道树、水源涵养林的优良树种。并能吸收某些有害气体，净化环境。1945年日本长崎、广岛原子弹爆炸后，地面一片焦土，所有动植物均被灼焦。第二、三年后唯银杏树复活，这引起欧美科学家关注，开始研究其是否具有抗辐射功能。银杏是园林中重要的观赏树种。美国Downing（1841）曾首次提倡银杏作为观赏树种来栽培。它适应性强，抗逆性强（耐高温、抗病虫害、抗污染、耐烟尘、耐阴、耐旱、耐轻度盐碱、抗辐射），树体高大，雄伟挺拔，姿态优美，病虫害少，不污染环境，寿命长，春华秋实，奇叶异果，春夏葱翠蔽日，秋季满树金黄。世界上许多国家已把银杏作为庭荫树、行道树和观赏树广泛栽植，或制作成观叶和观果盆景。

银杏在林业界被视为不可多得的珍贵用材树种，干形通直，木材性质优良，具有很好的用材价值。目前，上等银杏木材在美国市场售价高达3000美元/m³，国内一般在3000～5000元/m³。据研究测算，栽植银杏用材林的经济收入相当于林区栽植杉木的13倍，这还不包括干果和其他林副产品的收入，因此银杏用材林经济效益十分显著。

银杏还具有独特的文化价值。瑞典博物学家林奈开创植物分类二名法，将银杏树定为独科独属植物，其学名为 *Ginkgo biloba* L.，源于梵文"金果"的译音名，故又称金果。北宋诗人杨万里（1127～1206）认为银杏称金桃，言其珍贵之意，与梵文称金果相似。南宋女词人李清照（1084～1151）曾写《银杏词》托物言志，用双蒂银杏喻意她与丈夫赵明诚爱情至深。词中有"谁叫并蒂连枝摘，醉后明皇倚太真"句。银杏树木质坚硬，北宋皇帝在金殿的坐椅就是用银杏木做的，雕刻花纹。岳飞为江苏泰兴"延寿观"写匾额也选用银杏木。据《元史舆服志》记载，大臣拜谒皇帝手执上圆下方的笏，有象牙做的，也有多用银杏木制的，元代大臣执银杏笏者有170余人。大文学家郭沫若原籍四川峨眉乐山，当地有很多银杏树，他曾写散文赞银杏树美真善直，品格高洁。

银杏作为一个奇特的物种资源，在细胞遗传学、分子生物学及系统发育研究中具有重要的地位和作用，已经引起许多国家的注意，受到中国、美国、英国、法国、日本、韩国等50多个国家的高度重视，并开展了相关的研究工作。

银杏垂乳是在树干、主枝基部或根上单独或几个聚生的基部较宽、顶端钝圆的倒圆锥体，在树上垂直下挂，长短不一。大多数垂乳形状像反转的竹笋，不足半米长。垂乳皮银灰色、纹沟较少，并具许多不规则的鳞片状物。在中国称"钟乳"，意思是钟乳石、"树奶"，银杏产区的群众称为"撩子或撩"，也称为类瘤状物（burl-like）、树瘤（burls）、气生根（aerial roots）。四川、重庆一带将长在枝干上的垂乳叫"天笋"，生于根部的叫"地笋"。目前先后在中国、日本、美国、英国、波兰、新西兰、德国等国家有关于垂乳银杏的报道。

长期以来，在中国，银杏为什么能作为一个野生种而幸存，被认为是一个谜。银杏根生垂乳是产生和储存抑制芽（suppressed shoot buds）的一个场所，能够从主干受伤处萌发；它们是碳水化合物和矿质营养的一个储存场所，这些碳水化合物和矿质营养能够供应这些抑制芽在重压和损伤的情况下迅速生长；对于生长在陡峭山坡上的银杏，它们的功能是作为一个能够使植物抓住岩石的"攀缘器官"（clasping organ）。根生垂乳可以看成是潜伏芽原基的正向地性的聚集现象，在受到强烈刺激的条件下，根生垂乳将再生新干和不定根。事实上，通过基生垂乳繁殖后代，对中国野生银杏长期生存并跨越地质年代保存下来有重要意义。生存在地球上的银杏垂乳系遭受数不尽灾难时表现出的不屈不挠的活力（indomitable vitality），可见根生垂乳生物学与银杏的野生性有关。

据作者最新统计，全国共计19个省（直辖市）有垂乳银杏348株，其中贵州88株、云南80株、四川45株、重庆23株、山东22株、湖北19株、江苏16株、福建10株，合计303株，占全国垂乳银杏的87.07%。垂乳银杏主要集中分布在贵州省、四川省、云南省和重庆市，共计236株，占67.82%。

作者利用8对AFLP引物组合对14份垂乳银杏种质资源进行多态性分析，发现不同的垂乳银杏种质资源的多态带数和多态带比例差异不大。整体的平均多态带比例为39.89%。绘制了14株垂乳银杏种质资源的DNA指纹图谱及分子检索表。

通过连续密集取样对银杏根生垂乳的形态发生发育进行观察，结果表明：根生垂乳外部可见形态的发生始于子叶芽愈伤组织的形成。5周生的银杏苗上就有子叶

芽愈伤组织形成。1年生的银杏苗根生垂乳明显地呈"钟乳状"，探明了根生垂乳向地生长性。根生垂乳能够产生不定根，揭示了根生垂乳具有繁殖能力。根生垂乳长度、基径和不定根均随苗龄增大而增加。在发育过程中，根生垂乳周皮颜色变化依次为乳白色、黄褐色和褐色，最终与茎周皮颜色相同，周皮开裂程度逐渐增大。

采用平茬、平放和移栽三种方式处理银杏苗木，结果显示，平放、移栽对根生垂乳发生率促进作用明显，平茬能明显增加单株垂乳数，平茬、平放对垂乳基径的增加作用明显，平茬与移栽对不定根的产生促进作用明显，由此表明，外界的干扰能刺激根生垂乳的发生与发育。平放能改变根生垂乳的生长方向，从而揭示其向地生长可能与生长素极性运输有关。

应用树脂半薄切片技术，对根生垂乳的发端和结构进行显微观察，研究发现，银杏根生垂乳的发端始于子叶节区子叶芽的产生，子叶芽由皮层薄壁细胞恢复分生能力发育而来，属于外起源，其发生方式类似于木质块茎的形成。从而揭示根生垂乳并不是由子叶芽直接发育而来，而子叶芽只是皮层类愈伤组织产生的必要条件。研究表明根生垂乳与枝生垂乳是两种不同的器官。研究发现，根生垂乳由周皮、皮层、韧皮部、形成层、木质部和髓构成。髓射线与韧皮射线发达，其细胞保留了原始细胞的特性。根生垂乳的初生木质部发育方式为内始式，从而揭示其茎的发育方式是相同的，且木质部管胞表现出丰富的变异。根生垂乳的解剖结构揭示其顶端活跃的形成层和特殊的结构是其伸长生长的主要原因。

同时运用组织化学技术对根生垂乳内主要营养物质的分布进行分析，结果表明，与根、茎相比，在皮层、韧皮部、髓和射线中存在的淀粉粒明显较多，揭示了根生垂乳具有较强的营养物质贮存能力。根生垂乳皮层中存在数量较多的体积较大的分泌腔，其发生是裂溶生的，在银杏不同器官中发生方式具有一致性，从而进一步揭示了银杏的原始性。对分泌腔的组织化学研究表明，根生垂乳中脂类物质主要存在于分泌腔中，揭示了根生垂乳中物质运输的活跃性。

《中国垂乳银杏》一书是作者团队多年从事银杏资源、良种、繁育及推广的结果，本书内容包括：第一章垂乳银杏研究；第二章垂乳银杏资源及分布；第三章根生垂乳形态及解剖；第四章垂乳银杏遗传多样性；第五章垂乳银杏开发与利用等。

2014年8月20日于山东农业大学

$\mathcal{C}$ontents 目录

第一章
垂乳银杏研究

第一节　垂乳银杏名称

关于银杏垂乳，北京大学李正理教授称之为"类钟乳枝或钟乳枝（stalactite-like branches）"，"钟乳"意思是钟乳石。江苏农学院何凤仁（1989）称之为"树奶"，银杏产区的群众称为"树瘤"，通常群众称之为"撩子或撩"。银杏根部垂乳称"根钟乳"（又名根奶、椅子根、根台），四川、重庆一带称"乳包"。李惠林（1961）称为类瘤状物（burl-like）、树瘤（burls）、气生根（aerial roots）。民间传言"树不过千不挂乳"。垂乳大多呈圆锥状，先端钝圆，垂直向地生长，有单生、并生、多处发生，长短不一，最长的可达2m以上，犹以古老大树较多。重庆市黔江区城南街道菱角居委，有2株树龄30年左右、生长在土坎上的银杏树，裸露在外的根部长满似钟乳石的"笋子"，又称"银杏笋"。四川、重庆一带将长在枝干上的垂乳叫"天笋"，生于根部的叫"地笋"。

银杏垂乳在日文称为：乳の木、乳银杏、乳、乳房、気根、チチ。在日本称"垂乳"为"chichi"（nipple or breast），意思是乳头状凸起、奶子或树奶，Fujii（1895）、Sakisaka（1929）都进行过观察研究，前者将垂乳称之为"马萨圆柱体"（Masercylinder or Cylindermaser），并认为是"Maserkroph"或"Kropfmaser"的一种特殊的形式，是一种病态变态。后者则将其分为两种类型：即纤长垂乳银杏（long-stemmed ginkgo）和短茎干垂乳银杏（short-stemmed ginkgo）。在日本，垂乳也称"Titi"、"titi-ityo"。Tit名称被欧洲国家采用，1999年，山东省承担的"国家林业局948国外银杏新品种引进项目"，从法国引进了'垂乳'、'金秋银杏'等雄株品种16个。

Del Tredici（1992）发现，天目山银杏古树上看到的垂乳只在树的基部发生，特别是由于侵蚀或伐倒产生的危害更甚。这些结构称基生垂乳（basal chichi），基生垂乳与气生垂乳（aerial chichi）有别。枝生（气生）树瘤也叫气生根（air toots）。在另一篇文章中作者又将基生垂乳称为木块茎或木质瘤（lignotubers）或类根茎（rhizome-like），同时指出成熟的银杏有时能诱导产生或沿着树干和枝产生气生木块茎（aerial lignotubers），有时也把基生垂乳说成是一种类似根状结构（root-like structure），在四川万源市石人乡有很多垂乳银杏，当地将根生垂乳称为"地乳"，长在枝上的垂乳叫"天乳"。眼下，学术界一般把垂乳或树奶称为"chichi"，商品名为"tit"。本书将银杏垂乳分为枝生垂乳、干生垂乳、基生垂乳和根生垂乳（图1-1）。

最近，Barlow and Kurczynska（2007）认为银杏"气生垂乳"可能是一个根托（rhizophore）。"根托"是一个表示器官的术语，它不是根但是可以生根。可生根的根托已被报道的植物有石松类（Lycopsida），如卷柏类（Selaginella spp.）（Lu and Jernstedt，1995；Kato and Imaichi，1997）。蕨类植物卷柏属中匍匐生长的种类（如翠云草、中华卷柏等）的主茎上长出的一种特殊的支柱状结构，通常无叶。被认为是一种无叶的分枝，其先端可产生不定根，具吸收和支持功能。根托这一术语已被应用于某些红树属的树种生茎的根中（Menezes，2006），在这种情况下，各个根托的伸长生长取决于顶端分生组织。虽然如此，垂乳也有可能是一个独特的（sui generis）器官。

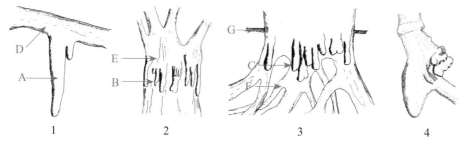

图1-1 枝生、干生、基生和根生垂乳基本形态

1. 枝生垂乳；2. 干生垂乳；3. 基生垂乳；4. 根生垂乳
A. 枝生垂乳；B. 干生垂乳；C. 基生垂乳；D. 树枝；E. 树干；F. 树根；G. 地面

第二节 国外垂乳银杏

在美国没有见到关于银杏垂乳的报道，一株生长在马萨诸塞的坎布里琦、哈瓦德植物园的银杏雌株。高19.2m，直径96.5cm。Del Tredici（1981）只谈到在树干基部有根颈肿块（buttressed），但是不是基生垂乳没有明确。Li Hui-Lin（1961）认

为在中国、日本均有"树奶或垂乳"报道。在英国皇家植物园有一株200多年生的银杏也有正处于发育早期的树奶。在欧洲大陆也有报道有几株树发现有类似树奶的生长，在波兰南部一城市克拉科夫雅盖隆大学植物园（Jagiellonian University, Krakow, Poland）有一株垂乳银杏，树龄在100年以上（Barlow and Kurczynska, 2007）。在新西兰黑斯廷斯（Hastings）一株种植年代不详的古银杏，胸径达1.82m，高18.5m，冠幅为24m×18.5m，有3个大主枝，且长有3个树乳，直径分别为35cm、26cm、29cm；长分别为27cm、13cm、24cm，是目前为止新西兰发现的树干最大、年龄在150年以上的古银杏（唐辉等，2008）。Kobendza（1957）报道了波兰华沙（Warsaw）植物园中银杏树上初生垂乳，Von Kammeyer（1957～1958）也观测了德国最东部格尔利茨（Grlitz）银杏侧枝上的初生垂乳。

Sakisaka（1929）发现在东京附近，尤其是在Azabu（麻布）的Zenpukuzi花园和Kawasaki（川崎）的Hurukawayakusi古银杏树上很多垂乳。日本北本州岛青森县Takakurajinja no icho垂乳银杏，胸围8.1m，树高29.0m。日本古都奈良县Ichigon祠有一株树龄1200年的垂乳银杏，树上有很多垂乳。1895年，日本Fujii是第一个报道"垂乳银杏"的学者。日本到20世纪60年代末就已发现有43株垂乳银杏。东北部青森、岩手、秋田、山形、宫城、福岛有12株；关东地区埼玉、东京有3株；东山的山梨、长野6株；北陆的富山、福井有3株；东海的静冈1株；中国地区广岛1株；四国的德岛、爱媛、高知10株；九州的福冈、大分、熊本有7株，共计43株（表1-1）。在日本仙台市宫城县Ichou Machi的苦竹银杏。它是一棵雌树，树高35.05m，胸高直径2.50m，据说有1000多年，它有许多垂乳（breast columns），最大的一个直径1.60m（Handa，2000）。Del Tredici（1981）在《美国的银杏》一文中引用了Wilson于1914年在日本东京的Zanpukuji庙内拍摄的一株垂乳银杏，直径2.90m，树高15.24m，年龄700年。树枝基部和下部具多个垂乳。纤长垂乳银杏（long-stemmed ginkgo）和短茎干垂乳银杏（short-stemmed ginkgo），这两种类型在东京大坑的天祖神社与濂仓八幡宫内都有大树存在。作为营养积累器官的垂乳，即使在年龄较小的树木上也能表现出来，在东京鬼子母神处的一株银杏，其年龄虽然不大，周皮亦很薄，但树干南侧的分枝上已经形成了许多垂乳（Takami，1955）。

根据1962年出版的《日本古树名木天然纪念树》，垂乳银杏除都市近郊外，全国各地都有存在（图1-2）。

表1-1　日本垂乳银杏及传说

地方	府县名及编号	1.5m处周长（m）	树高（m）	树龄（年）	编号	树乳记录
东北	青森2	12.73	15	450	1089	乳がとく出る
	青森2	7	29	450	1173	授乳の神木
	青森2	7.4	26	不详	1163	乳出
	岩手3	14	27	1000	1087	乳の妙药
	岩手3	6.4	33	570	1187	乳の神
	秋天5	10	31	1300	1110	姫のな乳
	秋天5	8.5	22	不详	1286	乳出
	山形6	9.09	37	不详	1125	乳の病
	宫城4	7.9	28	1200	1150	乳イチョウ
	宫城4	7.18	35	不详	1171	乳の神
	宫城4	6.3	28	不详	1192	母乳不足を治す
	福岛7	11	44	350	1101	乳出
关东	埼玉11	6.67	13	770	1179	乳出
	埼玉11	10.39	45	740	1106	乳木
	东京12	12.36	30	1000	1090	乳
东山	山梨15	5.76	27	700	1217	乳出安産
	长野16	7.27	33	2000	1167	乳の木
	长野16	10	27	1350	1111	乳出
	长野16	4.76	18	1000	1245	乳出
	长野16	14.55	41	不详	1086	乳出のイチョウ
	长野16	7.2	25	不详	1170	乳房观音
北陆	新潟17	9.09	27	1300	1130	乳イチョウ
	富山18	10.9	36	1500	1102	乳柱を煎しのむ
	福井20	6.5	25	1200	1186	乳出
东海	静冈20	6.67	36	800	1181	乳观音イチョウ
中国	广岛34	5.03	4	1150	1235	乳房神
四国	德岛36	9.09	45	1150	1124	乳の神
	德岛36	16.79	22	850	1083	乳の神
	德岛36	8.79	33	450	1138	乳病
	爱媛38	11.68	42	1000	1098	乳授けの
	爱媛38	12.36	30	600	1092	乳出のイチョウ
	爱媛38	5.25	36	300	1223	乳出
	高知39	7.8	13	1500	1152	乳出
	高知39	4.79	20	650	1241	乳多
	高知39	4.79	18	450	1242	乳イチョウ
	高知39	8	31	400	1149	乳出

（续）

地方	府县名及编号	1.5m处周长（m）	树高（m）	树龄（年）	编号	树乳记录
九州	福冈40	10	24	1870	1112	乳出
	福冈40	6	38	不详	1209	乳出
	大分44	13.82	36	1600	1088	乳コプの皮
	大分44	6.5	36	870	1185	乳出
		4.55	29	870		
	熊本43	9.61	25	不详	1115	チコプサソ
	熊本43	8.5	37	不详	1139	乳病

注：引自吉冈金市（1967）。

图1-2　日本著名的垂乳银杏（注：垂乳数量多、长度大）

第三节　垂乳银杏研究简史

自从1895年日本学者首次发表垂乳银杏特性及起源论文（Fujii K.On the Nature and origin of so-called "Chichi"（nipple）of *Ginkgo biloba* L. Bot Mag（Tokyo）. 1895，9:444-450），100多年来，先后有中国、日本、美国、俄罗斯、德国、英国、波兰、克罗地亚等许多国家的学者对银杏垂乳的资源、分布、形态及解剖特性、形态发生和发育、分子生物学等进行了较系统研究。认为，银杏垂乳可能是气生根或根托的原始形态，对该物种的生长、发育及营养繁殖、野生性及长寿命具有重要的生态学和系统学意义（表1-2）。

表1-2　垂乳银杏研究简史

时间	作者	国别	主要结果或观点
1895	Fujii	日本	将垂乳称之为"马萨圆柱体"（Masercylinder or Cylindermaser），并认为是"Maserkroph"或"Kropfmaser"的一种特殊的形式，是一种病态变态，是第一个报道"垂乳银杏"的学者，研究了垂乳的粗视解剖学
1929	Sakisarka	日本	将垂乳分为两种类型：即纤长垂乳银杏（long-stemmed ginkgo）和短茎干垂乳银杏（short-stemmed ginkgo）。发现在东京附近，尤其是在Azabu（麻布）的Zenpukuzi花园和Kawasaki（川崎）的Hurukawayakusi古银杏树上垂乳很多
1931	Mobius	日本	认为衰老的银杏中存在某种发育转变，使能量从生殖（结种）转移到营养生长（垂乳）
1955	Takami	日本	在东京鬼子母神处的一株银杏，其年龄虽然不大，周皮亦很薄，但树干南侧的分枝上已经形成了许多垂乳
1961	李惠林	中国台湾	称银杏垂乳为类瘤状物（burl-like）、树瘤（burls）、气生根（aerial roots）。认为在中国、日本均有"树奶或垂乳"报道。在英国皇家植物园有一株200多年生的银杏也有正处于发育早期的树奶
1972	Oyama	日本	指出大量产生气生垂乳的银杏雌株一般都不能结实
1981	Del Tredici	美国	在马萨诸塞的坎布里琦哈瓦德植物园的一株银杏雌株树干基部有根颈肿块（buttressed）。但是不是基生垂乳没有明确。引用了Wilson于1914年在日本东京的Zanpukuji庙内拍摄的一株垂乳银杏
1983	史继孔	中国	盘县特区乐民区乐民乡黄家营村的银杏树上长了许多"树奶"，是全国最典型的垂乳银杏之一
1992	李正理	中国	称银杏垂乳为"类钟乳枝或钟乳枝（stalactite-like branches）"，"钟乳"意思是钟乳石。发现垂乳上显示出不同的各种宽度的年轮，它们比正常树枝的年轮要窄

（续）

时间	作者	国别	主要结果或观点
1992	Del Tredici	美国	垂乳包括基生垂乳（basal chichi）、气生垂乳（aerial chichi）-枝生（气生）树瘤也叫气生根（air roots）。基生垂乳也称木块茎或木质瘤（lignotubers）或类根茎（rhizome-like），同时指出成熟的银杏有时能诱导产生或沿着树干和枝产生气生木块茎（aerial lignotubers），有时也把基生垂乳说成是一种类似根状结构（root-like structure）
1993	Del Tredici	美国	环剥（girdling）树皮似乎有利于垂乳在环带上面形成
1994	Snigirevskaya	俄罗斯	对波兰克拉科夫雅盖隆大学植物园中的两株雌性银杏之一的垂乳进行了描述。垂乳这种特殊的营养繁殖的模式在结合子叶芽再生中促进了银杏过去的植物群及其"幸存者"的分布
1995	袁子祥等	中国	银杏树奶在中、幼年树上诱导成功
1996	邢世岩	中国	100~300年生成龄母树主干上易形成直径达0.5~2m的圆盘状瘤状物，这种在树干上形成的圆盘状肿胀物称干生树瘤
2000	Handa	日本	在仙台市宫城县Ichou Machi的苦竹银杏。它是一棵雌树，据有一千多年，它有许多垂乳（breast columns），最大的一个直径1.60m
2000	Melzheimer等	德国	认为，垂乳新发育的侧枝可在其干（trunk）上正常生长。生长素过量就引起了随后的垂乳向下生长
2003	向准等	中国	盘县银杏大树的50%以上能产生树奶，而且单株树奶量较大。但是，绝大多数树奶仅停滞于短小的乳突状阶段，难以发育成较大的气根或支柱根
2006	钱丙炎等	中国	分析了根钟乳形成原因
2007	Barlow, Kurczynska	英国和波兰	"气生垂乳"可能是一个根托（rhizophore），垂乳也有可能是一个独特的（sui generis）器官。在波兰南部克拉科夫雅盖隆大学植物园有一株垂乳银杏，树龄在100年以上。解剖表明银杏垂乳是被顶端分生组织调控的另一种伸长生长的模式

（续）

时间	作者	国别	主要结果或观点
2009	Zhun Xiang等	中国	贵州福泉市黄丝镇邦乐村李家湾银杏枝条和老的躯干上形成了过多的愈合组织，所以它呈现出不规则的外表。有巨型树乳，长超过1.5m，已申报吉尼斯大全
2011	Begovic	克罗地亚	大自然的奇迹.银杏1771-银杏大全（1-4卷）引用了Del Tredici垂乳研究材料
2013	邢世岩	中国	《中国银杏种质资源》出版，介绍了国内外垂乳银杏研究进展
2013	邢世岩等	中国	银杏垂乳个体发生及系统学意义
2013	付兆军，邢世岩等	中国	银杏苗木基生垂乳生长特性
2014	付兆军，邢世岩等	中国	银杏苗根生垂乳分泌腔的解剖结构与组织化学研究

第四节　垂乳银杏形态及解剖

一、形态特征

银杏树上所有的垂乳都是圆锥状的，外被粗糙的树皮，并且垂直向下生长。垂乳的顶端同样被树皮覆盖，并且没有任何类似根冠的特征，但外形很像典型的根。事实上，这些垂乳生长到地面时可以产生根系和叶片。Melzheimer等（2000）认为。垂乳新发育的侧枝可在其干（trunk）上正常生长。生长素过量就引起了随后的垂乳向下生长。这个过程通过两个方式完成。第一，垂乳顶端的生长素积累会增加细胞产量和向下生长；第二，虽然垂乳可能会缺少任何特定的重力感应区，但是正在延长的垂乳中进入的生长素可能会改变重力引物的方向（Mancuso et al.，2006），垂乳的生长则相应地受到影响。例如Gersani和Sachs（1990）、Kurczynska和Hejnowicz（2003），研究显示由于重力方向的原因，在器官取向上影响了细胞的生长和分化（Barlow等，2007）。垂乳类似树瘤，呈乳头状突起，很

像钟乳枝或钟乳石状物，与榕树的气生根类似（图1-3）。树奶在树体上可以单一出现，也可以几个聚生。可以着生在树干的基部、树干及树干与侧枝交界处。从形态上看，树奶与常规的根不同，呈粗而短的圆锥状，通常基部较宽、顶端钝圆。垂直下挂，长短不一，直径30cm，大多长10～35cm，贵州盘县特区一树奶长达2m多。大多数树奶形状像反转的竹笋、不足半米长。树奶皮银灰色、较少的纹沟，并具许多不规则的鳞片状物。通过几年来对山东郯城近3万株银杏大树调查发现，与枝生和基生树瘤不同，在人为干扰较严重的100～300年生成龄母树的主干上易形成直径达0.5～2m的圆盘状瘤状物，这种在树干上形成的圆盘状肿胀物称干生树瘤。这些圆盘状膨大物其外形类似通常所说的树瘤，随组织的增生，树干呈环状加粗，愈伤组织发达、突起。在这些肿胀物上春天及生长季节可以萌生数以万计的不定芽，这些不定芽可以延长及加粗生长，并具"返幼"特征。有的在同一株树干的上、中、下部均可以产生圆盘状肿胀物，使树干呈念珠状增粗。在自然状态下干生树瘤的发生率较低（<0.1%～0.5%）（邢世岩，1996）。

作者对我国垂乳银杏古树研究表明：初生垂乳多呈黄褐色，到中生垂乳渐变为银灰色，成熟后则呈暗灰色，且其端部略呈黄褐色晕纹。可以着生在树干的基部、树干及树干与侧枝交界处。枝生垂乳：大多呈悬垂状，为一种变态枝。一般向下着生在大的分枝下面，大多位于或靠近分枝基部，有些分布于呈畸形的膨大枝基部（如成都市金牛区金科中路大同顺鑫商贸有限公司1株）。干生垂乳：指紧贴树干形成垂直向下生长的垂乳，有时在树干上形成圆盘状肿胀物称干生树瘤。基生垂乳：指在银杏树干的基部类似根系且具有正向地性并能分化出不定芽，直至长成复干的类似愈伤组织的基生瘤状物，偶有生长于盘曲的裸根表面者［如遵义市务川仡佬族苗族自治县（以下简称务川县）焦坝乡焦坝村焦坝1株］。垂乳在单株上的分布少则一两个，多则数百个，如都江堰市青城山镇青城山天师洞的一株，其垂乳数量达到112个，对目前调查的101株垂乳银杏进行了统计分析显示，平均单株垂乳分布的数量达32个；垂乳长度最短仅2.0cm，为位于腾冲县界头乡白果村的一株；最长则达300.0cm，为位于正安县谢坝乡东礼村泉东组一株。

Molisch（1927）和Seward（1933）对日本同一株银杏树上的成熟枝生垂乳进行了观察，由二人提供的图片可见，枝生垂乳长度变化明显，据Seward（1933）其长度已超过5.0m（Snigirevskaya，1994）。

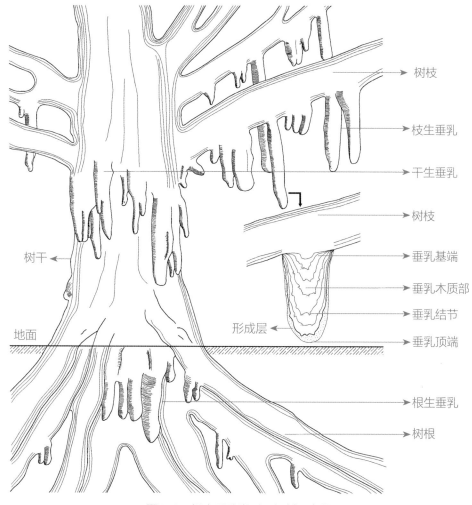

树枝

枝生垂乳

干生垂乳

树枝

垂乳基端

垂乳木质部

垂乳结节

垂乳顶端

树干

形成层

地面

根生垂乳

树根

图1-3 银杏垂乳类型及解剖示意图

二、解剖特征

关于垂乳的解剖学早在1895年日本的Fujii进行过初步研究，在生长多年的垂乳横切面上，发现大量的类似于树干或根的年轮。但是这些年轮在近边缘的部分比较窄。然而在大多数情况下，一个或两个从中间部分突然加厚。发现大量的细长的薄壁组织群，一般在切片中部呈放射状排列。在纵切面上这些年轮出现各种加厚的"U"形层，这些加厚的分层逐渐从"U"形弯曲基部两臂的尾部增长。分层的最厚部分通常超过2cm，这些细长的薄壁细胞群沿着年轮弯曲的路线由垂

乳的轴向部分向边缘部分扩展。

垂乳木材中管胞出现弯曲且髓射线增加。木材的横切面往往显示管胞的纵向部分；木材的纵切面显示管胞的横向部分；有时候单独的一部分在各个方向上有一组管胞穿过。当皮层停止分裂，有垂乳形成的木材呈现出带有大量的小圆锥形突起的波浪形的表面。检测表明这些突起的内部是以薄壁细胞群状态存在的。观测垂乳发育的早期阶段，发现在小的突起顶端往往有侧芽生长，在以上细长的薄壁群中有梯形网状的细胞。

Takami（1955）在前人研究的基础上，对垂乳、输导组织、叶的叉状分裂以及维管束类型进行了研究观察，共测定了胸围从80～1100cm 40株垂乳银杏，认为垂乳形成的多少与树皮厚度有关。分析表明，银杏株间周皮厚度差异较大，周皮薄的大树容易产生垂乳，例如NO35、NO37、NO39树的周皮较薄，垂乳形成就相对较多。发现银杏周皮纤维不同单株差别较大，有的银杏周皮纤维很多，难于切削，而有的就很少。初步认为，周皮纤维的多少与银杏树分枝的多少直接相关。另外，银杏纤维细胞的形成与樱花不同，纤维细胞开始是包藏于一个袋中，接下来变成弯曲的一根纤维细胞，再接下来两端发生分离现象变成两个细胞，分离后的两细胞平行排列。

Li Zhengli等（1991）发现垂乳上显示出与其他不同的各种宽度的年轮，它们比正常树枝的年轮要窄。所有的年轮向外呈波纹状。在中心部分，可见到许多具有黑色物质的髓射线结构。有一些横向排列的管胞区域，这些管胞呈易变的形状和不规则的取向，这些管胞的分布在树皮被去掉之后，在裸露的表面可被鉴别。在其他区域，管胞与其中的一些多拐弯的射线呈旋转状排列。大多数管胞在径向壁上有具缘纹孔，3个甚至4个顺次排列。具缘纹孔的口径是圆的或椭圆的，交叉面上的纹孔属于柏木型，交叉区域具有3～4个具缘纹孔。晶簇晶体通常如同正常的树枝中的一样。

最近，英国和波兰学者（Barlow and Kurczynska，2007）在《银杏垂乳的解剖表明了被顶端分生组织调控的另一种伸长生长的模式》一文中以来自波兰南部克拉科夫雅盖隆大学植物园（Jagiellonian University，Krakow，Poland）一株垂乳银杏，树龄在100年以上大约10年生的垂乳为试材，对其解剖构造和发育模式进行了较详细研究，通过对成熟银杏树上采来的幼龄垂乳木块进行试验，表明其内部的木质部分有含不规则年轮且含管胞的次生木质部，被维管形成层和树皮所覆盖。形成层是由纺锤状的（fusiform）细胞和薄壁组织射线细胞（parenchymatous ray cells）组成。在靠近垂乳的尖端，这两种类型的形成层细胞在轴向、横向以及周间，有与垂乳的锥状形态有关的定向排列（orientations ranging），从形成层中形成的木质部射线细胞和管胞展现与不定的取向相一致。在垂乳的基部，纺锤状的细胞和幼龄管胞与中心轴线对齐成一线平行分布，表明伴随垂乳的尖端向前延伸，垂乳基部区域的形成层细胞取向逐渐变得规范化。然而，在基部位置，靠近中心的管胞表现出不定的取向与垂乳形成前期阶段的发育模式相一致。

除去树皮显示，木质部分的表面光滑，但在某些地方却有些小隆起或刺状物。在韧皮部和皮层表面有凹陷，这与木质部的隆起物相对应。显然，形成层已发生了某些病变，引起这些部位次生组织不规则的形成。垂乳横截面圆盘中央的颜色要比周围更加明亮。在较明亮的木质区域年轮不可辨认，而在颜色较暗的区域却有着明显的边界不规则的年轮。木质部分的光亮区域从中心向形成层辐射状延伸，并且，至少是在年龄较大的垂乳基部，较明亮木质部分的宽度随着距中央变远而变窄。较明亮区域的管胞的方向是辐射状的。垂乳中间颜色较浅的木材包含相似方向的管胞，对比来看，深色的木材由沿轴线方向取向的管胞组成。

在12cm长的垂乳的基部可以看见10个年轮。每个环可能在1年的生长期间形成。在横断面中看到的最近形成的生长环是圆形的，然而早期的环不规则，还经常在木材的浅色区域连续的年轮边界缺失。在垂乳顶端后3cm处可以看到3个生长环；在2cm处，没有明显的生长环并且所有的木材都是浅颜色的。

在垂乳木材中心发现有许多球形的小瘤或称结节（nodules），朝形成层方向它们呈辐射状数量递减。在次生韧皮部中也明显发现有小瘤的存在。在高倍显微镜下看见在木材组织中较大的瘤是凹陷的，然而较小的瘤是很致密的。小瘤的解构很复杂，垂乳的长轴中心显示是无序排列的管胞，取决于垂乳的长轴大小，管胞的长轴方向是从径向到纵向排列。在这些瘤中可见到短的、薄壁的细胞混乱排列。这好像是瘤中的薄壁组织细胞起源于射线。在近中央的纵断面，在垂乳基部早期的次生木质部很少有瘤的出现。然而，在顶端这些瘤存在于接近外面的生长环边界处，表明它们趋向于在生长的早期阶段形成。

许多浅色和深色的木材区域显微检测发现，各自细胞的排列是不同的。垂乳基部的横断面中管胞径向排列经常消失，有一系列近似规整的韧皮部细胞。在径切断面，形成层细胞是薄壁的并且径向直径较小，表明这些细胞在取样的时候已

有分裂活动，木质部的射线在年老的木材中是单列的并且它不会延伸到3个生长环外。径向切面显示这些射线有2~4个细胞长。接近垂乳的顶端生长环很少并且外形不规则，不规则现象在次生韧皮部也很明显。然而，在相同的位置，那里的形成层细胞具有正常的方向。

在垂乳的顶部没有顶端分生组织（apical meristem），只出现形成层、次生木质部和韧皮部，从距垂乳顶端1cm处抽取的木材样品的纵断面显示它的管胞具有许多的方向——纵向的、放射状的、周边的和任意角度的等。然而，从离其顶端7cm处取的断面显示，管胞的方向变化从非常反复不定的中心到接近于形成层比较正常的取向。这种情况是垂乳整个长度的典型代表，它的顶点除外，那里的细胞定向被打乱。

第五节　垂乳银杏的性别及生长特性

一、垂乳银杏的性别及生长指标

全国垂乳银杏雌株271株，占80.18%；雄株66株，占19.53%；雌雄同株1株，占0.29%（图1-4A）。垂乳银杏树高主要集中分布在10~40m范围内（图1-4B），在小于10m和大于40m的范围内垂乳银杏株数均较少；垂乳银杏最高单株为52m，位于洞口县罗溪瑶族乡宝瑶村宝瑶组，最矮单株为7m，位于苏州市平江区怡园（小沧浪南）。全国垂乳银杏胸径主要集中分布在1.0~3.0m范围内（图1-4C），33.87%的垂乳银杏胸径在1.0m以下，在胸径1.0m以上，随着胸径的增大垂乳银杏株数减少；全国垂乳银杏胸径最大单株为5.25m（基径），位于宣恩县珠山镇茅坝塘村6组，胸径最小单株为0.2m，位于都江堰市街柳镇安龙村1组银杏园艺术公司（6号树）。全国垂乳银杏年龄主要集中分布在100~2000年范围内（图1-4D），不足100年的垂乳银杏仅3株，全国垂乳银杏年龄最大单株为4000年，有2株，分别位于长顺县广顺镇石板村天台村民组1和惠水县摆金乡摆金村冗章寨1。全国垂乳银杏平均冠幅主要集中分布在10~30m范围内（图1-4E），平均冠幅最大单株为日照市东港区西湖镇大花崖村的冠幅为37.5m×35.5m，平均冠幅最小单株有2株，1

株为腾冲县界头乡沙坝地村李小寨，另一株为腾冲县界头乡沙坝地村李小寨，冠幅为3.0m×2.0m。

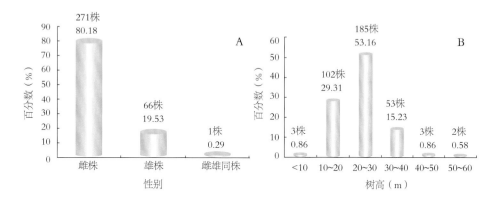

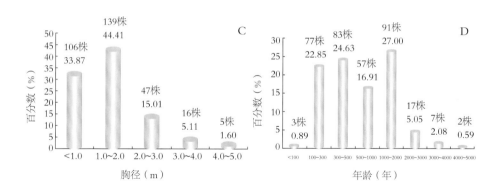

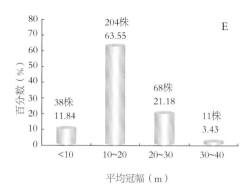

图1-4　全国垂乳银杏生长指标

二、垂乳银杏的生境分析

对垂乳银杏生长地的经纬度、年均温、年降水量、年均日照时数和海拔情况进行调查分析。对垂乳银杏经度分析发现（图1-5A），我国垂乳银杏主要发生在E95°～125°范围内，其中E95°～110°的范围内共计252株，占72.41%。对垂乳银杏纬度分析发现（图1-5B），我国垂乳银杏主要发生在N20°～40°范围内，其中N25°～35°的

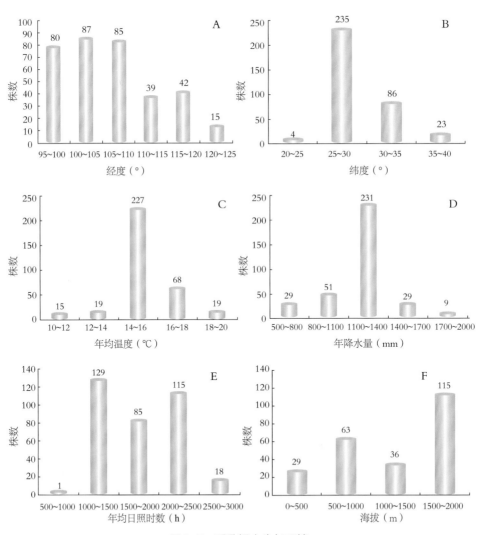

图1-5　垂乳银杏生长环境

范围内共计321株，占92.24%。对于垂乳银杏分布区年均温分析发现（图1-5C），我国垂乳银杏主要发生在年均温10～20℃范围内，其中年均温14～16℃范围内共计227株，占65.38%。对垂乳银杏分布区年降水量分析发现（图1-5D），我国垂乳银杏主要发生在年降水量500～2000mm范围内，其中1100～1400mm的范围内共计231株，占66.38%。对垂乳银杏分布区年均日照时数分析发现（图1-5E），我国垂乳银杏主要发生在年均日照时数500～3000h范围内，其中年均日照时数1000～2500h范围内共计329株，占94.54%。对垂乳银杏分布区海拔分析发现（图1-5F），我国垂乳银杏主要发生在0～2000m范围内，其中海拔0～500m有垂乳银杏29株，在海拔500～1000m有垂乳银杏65株，在海拔1000～1500m时有垂乳银杏36株，在海拔1500～2000m时有垂乳银杏115株。在海拔1500～2000m范围内共计115株，占46.94%。

三、银杏垂乳再生

当垂乳被锯断后可以从其横切面上沿韧皮部与形成层之间再生大量的再生垂乳，其再生能力与所留垂乳长短无关；垂乳被切割后，有的沿伤口边缘周生，有的在伤口的两端着生垂乳，有的已将伤口包围，有的伤口发红；垂乳切割后倒立，同时可以在其形态学的顶端生芽、在其形态学的基端生根。垂乳被切割后，会在其伤口上形成一圈愈伤组织，继而在愈伤组织的两端着生垂乳，或者在愈伤组织上周生。垂乳被切割后再生的垂乳数量是不确定的（图1-6），平均每割断一个垂乳再生的垂乳数是1.47个，变异系数是40.43%。

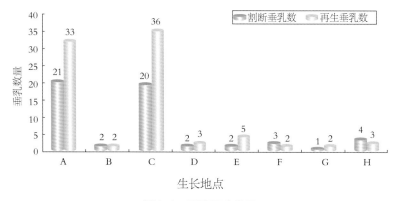

图1-6　垂乳再生数量

注：A. 贵阳市花溪区高坡乡大洪村1；B. 务川县红丝乡先进村；C. 龙里县醒狮镇三宝村；D. 石柱县金铃乡石笋村；E. 贵阳市花溪区高坡乡大洪村2；F. 成都市金牛区金科中路大同顺鑫商贸有限公司；G. 秀山县钟灵乡钟溪村；H. 都江堰市浦阳镇银杏村

　　如贵阳市花溪区高坡乡大洪村（图1-7A，C），锯断垂乳21个，再生垂乳数量为33个，特点是边缘周生；务川县红丝乡先进村（图1-7D），锯断垂乳2个，再生垂乳数量为2个，伤口发红，边缘周生；龙里县醒狮镇三宝村（图1-7B，E，F），锯断垂乳20个，再生垂乳36个，沿伤口边缘周生，伤口中间发红。

图1-7　再生垂乳形态（箭头示再生垂乳）

注：A，C. 贵阳市花溪区高坡乡大洪村；B，E，F. 龙里县醒狮镇三宝村；
D. 务川县红丝乡先进村

　　经作者团队研究发现，银杏垂乳具有下列几个特性：

　　（1）垂乳发生的异时性　同一株树上有初生垂乳、中生垂乳和成熟垂乳等不同发育时期的垂乳。

　　（2）垂乳发生的群聚性　同一株树上同时具有单生、双生、三生及多个聚生（簇生）垂乳。

　　（3）垂乳的再生性　当垂乳被锯断后可以从其横切面上沿韧皮部与形成层之间再生大量的再生垂乳，其再生能力与所留垂乳长短无关。垂乳锯断后倒立，同时可以在其形态学的顶端生芽、在其形态学的基端生根。这就暗示垂乳也许是银杏在进化过程中形成的一种特化的器官，基生垂乳再生的不定芽可以发育成"复干"，这是眼下诸如："九子抱母"、"五代同堂"、"母子银杏"等能跨越地质年代而长期生存在地球上的根本原因，这也是银杏为什么能在广岛原子弹爆炸后、第四纪冰川之后在中国和日本长期处于野生状态的生物学原因之一。

（4）垂乳的地域性　在我国从北向南垂乳银杏的数量呈逐渐增加的趋势，但以贵州、云南、四川、重庆为垂乳银杏多发地区，巧合的是这4个相邻的省（直辖市）位于我国的西南地区，并形成我国垂乳银杏的集中分布区（注：这将成为本研究主要取样及研究的重点区域）。

（5）垂乳发生的多样性　在同一株树上同时具有"干生垂乳"、"枝生垂乳"、"基生或根生垂乳"等多种类型的垂乳。

（6）垂乳发生的特异性　根生垂乳大多在1生实生苗上清楚可见，2年生以上的苗木大量发生；在自然状态下枝生和干生垂乳多在40～4000年树上均有发生；雄株和雌株垂乳发生频率差别不明显。这似乎表明银杏垂乳的发生与年龄及性别关系不明显，这也许是银杏个体发育所固有的生物学特异性。

（7）垂乳发生的诱生性　大多垂乳发生与树干、树枝及根系受外界机械损伤、生长受阻或环境的改变有关，这就使人们可以通过嫁接、绞溢、刻伤、平茬等改变树体的水分及养分的流动方向，诱生垂乳的形成、同时也为本研究人工诱导垂乳产生成为现实。

（8）垂乳生长的极性　不管是干生垂乳、枝生垂乳及根生垂乳均具有"正向地性"，即垂直向下生长，不同的是，干生垂乳紧贴树干或先端微翘向下生长；枝生和根生垂乳均为悬挂垂直向下延伸，这为我们研究垂乳的个体发生、发育及调控机制奠定了基础。

第六节　银杏垂乳发生机制

根据Del Tredici（1992）所说，在银杏树上形成的垂乳有两种类型。一种是基部垂乳在地面水平形成。另一种是气生垂乳它在树干或树枝上形成。后面一种垂乳的解析是由Fujii（1895）第一次描述的，他同时也注意到了在根上形成

的垂乳。人们发现，在自然状态下银杏苗木根钟乳在下列情况下发生概率较高：①移植苗、根蘖苗、扦插苗经嫁接后，容易形成根钟乳；②苗龄长；③生长势弱；④黏性土上松下实，侧根多而旺，直根向下生长受阻，也是形成根钟乳之原因（钱丙炎等，2006）。

泰兴银杏产区调查发现，银杏嫁接后，解缚稍迟，营养物质输送受到抑制，局部养分富集，绑扎物的上、下端，尤其是上端即形成一瘤状物；银杏树的输导组织受到适度刺激后也易形成瘤状物。泰兴市北新乡政府广场上一株40年生雄银杏树，1976年搭防震棚时局部勒伤，于勒伤一侧形成一瘤状物，逐年增大。瘤状物上每年都有大量隐芽萌生。元竹乡政府院内一株36年生银杏树的一根大枝，于1986年夏季受偶然刺伤，形成的树奶已长达11cm，直径达7cm；北新乡港北村、宋义村两棵9年生银杏树基部，因连续几年大量隐芽萌生，逐渐形成一圈树瘤；主干、大枝的雨水集流处最易形成树奶。金沙村千年古银杏树的树奶、市种猪场内和市汪群乡季野村中年树上的树奶，以及元竹乡政府院内因偶然刺激形成的树奶，其着生位置都在大枝弯曲处的下方雨水集流的地方；树奶形成需耗费树体大量营养物质。汪群乡季野村一株中老年树上形成了多个树奶，着生树奶的大枝上每年结果很少且很小，甚至连续几年不结果；然而未着生树奶的大枝树皮呈灰白色，结果量同正常树（袁子祥等，1995）。Oyama（1972）和 Mobius（1931）指出大量产生气生垂乳的银杏雌株一般都不能结实——这暗示在衰老的银杏中存在某种发育转变，使能量从生殖（结种）转移到营养生长（垂乳）。

Del Tredici（1992）发现，最早的基生树瘤发端来自所有小苗子叶轴部位的表层分生组织的芽的发育。这些子叶分生组织在2周生小苗中清晰可见。2～6周后子叶芽直径0.2～0.4mm，拥有良好发育的叶原基，正在发育的子叶芽维管束迹与子叶迹在子叶与茎交界点上相互连接起来。在6～12周发芽过程中，子叶芽与中柱之间的维管连接已相当完备，且子叶芽被包埋在快速膨大的幼苗轴周皮内。尽管被周皮包埋，但子叶芽继续发育，并形成一个相当长的初生芽及1到多个侧方生长的副芽。大多数幼苗的潜伏子叶芽复合体，其生长速度足可以赶上没有形成基生树瘤的木质部的加厚次生物。这些芽的发育通常是不平衡的，其中一个在发育过程中比其他的更有活力。然而，当某些活动损伤了根干基部或根系时，就会刺激这些大的芽产生一个单一向下生长的树瘤。在3年内便可肉眼看到。如果受到压抑严重并时间过长，基生树瘤产生向上生长的嫩梢需要5年时间。树瘤产生的根方向是不定的，在压抑条件下，这些根的发育较嫩梢快得多，经常只需要2年时间。

银杏子叶芽发育是独立的，但取决于外界因子，它们能伴随下列三条形态分化途径之一：①在大量的或受侵害或没受侵害植株中，它们可以形成潜伏在周皮内的簇生休眠芽；②它们可以形成向上生长的嫩梢，这种梢生长很快，叶片发育良好；③它们也能形成基生树瘤。这种生长往往表现在生理上受压抑的梢芽繁殖，特别当根系或较低部位枝条系统受到严重损伤后，这种情况可以发生。

俄罗斯学者Snigirevskaya（1994）认为，银杏垂乳的起源和个体发育是值得研究的问题。目前，关于垂乳个体发生机理说法不一，概括起来主要有如下几种观点：

一、生长素说

生长素说又称形成层细胞活跃说。虽然有关气生垂乳发端的内在机理问题目前还没有进行研究，垂乳形成的早期迹象是在树干或树枝上有一个明显的突起。据报道，虽然它们出现的位置可能与周皮的厚度有关（Takami，1955），但它们形成的位置是无法预测的（Del Tredici，1993）。环剥（girdling）树皮似乎有利于垂乳在环带上面形成（Del Tredici，1993）。这就使人们想到生长素在环剥位置上积累—在形成层细胞内生长素由纵向自上往下的运输（Schrader *et al.*，2003）—可预测这样的位置将形成垂乳。这就使人们想到老银杏树在它们的树干和树枝中具有生长素流（auxin flow）的天然瓶颈（natural bottlenecks）。因此，和维管形成层相关的组织可能刺激垂乳的发端。现已发现产生垂乳的局部位置的形成层非常活跃。唯一我们知道的与银杏垂乳似乎相同的起源和结构的器官是落羽杉（*Taxodium distichum*）（Romberger *et al.*，1993）的膝状根（knee roots）和楝科（Meliaceae）两个种和梧桐科（Sterculiaceae）的一个种的气生根（pneumatophore），正像Groom and wilsom（1925）所描述的一样。虽然这些器官向上生长和有气体交换功能，但明显不同于垂乳（它主要是一种空中支撑根的类型，同时也是新梢的潜在来源，可以进行营养繁殖），它们的生长均与极度活跃的覆盖在呼吸根顶端维管形成层活动有关（Barlow and Kurczynska，2007）。生长素和肌动蛋白微丝（纤维型肌动蛋白F-actin）在垂乳形成过程中可能起的作用。纺锤形的形成层细胞在尖端的生长可能是其细胞内的纤维型肌动蛋白参与的过程（Chaffey and Barlow，2000），因为在其他的顶端生长细胞中也有其参与（Baluska

et al.，2000）。虽然对植株生长激素和植株纤维型肌动蛋白相互作用的研究很少
（Baluska *et al.*，1999），但是，生长素加到植株细胞后，会导致纤维型肌动蛋白正
常的成束结构产生无组织无方向的状态这个问题，仍然是值的关注的（Waller *et al.*，2002）。因此，据推测与更接近基部区域相比，富含生长素的垂乳的顶端所
拥有的细胞含有较少的成束的纤维型肌动蛋白。这些在纺锤形的形成层细胞中的
纤维型肌动蛋白的部分错位可能会导致不稳定的顶端生长。因此，这就是垂乳的
生长发育的很多特点的原因所在。根据目前理论垂乳发端模式被解析为：每个垂
乳是一个树干或树枝的一部分老的位置上的维管形成层的产物，那里的次生木质
部产生了一个局部加厚的树皮。这种提高活性的一个结果是形成层开始外翻，形
成层的外翻部分的细胞保留了它们纺锤状的形状。与形成层外侧部分相比，这
种外翻部分顶部的形成层在产生木质部方面更活跃，然后垂乳的顶端就形成了。
这导致一个圆锥体的木质部发育，并在垂乳顶端和它的侧面被一层形成层覆盖
（Barlow and Kurczynska，2007）。

二、愈伤或不定芽说

由于不易预测它的形成位置，垂乳发端研究难度较大。虽然有学者认为垂乳
的顶端可能是直接起源于形成层的一个极度活跃的部位。但也许另一个形成的
途径可能是通过一个愈合组织中间阶段，就像发生在针叶树插条不定根发育期
间所发生的情况是一样的（Satoo，1956；Heaman and Owens，1972；Lovell and
White，1986）或是来自于离体愈伤组织的培养（Auadi and Tremouillaux Guiller，
2003）。的确，一个事实是垂乳顶端的纺锤状细胞取向是多变的，在这点上的确
是与母体的形成层（the parent cambium）细胞不同，这就表明，垂乳的形成层可
能起源于一种称为"愈合组织维管形成层（callus vascular cambium）"的类型，正
像Montain *et al.*（1983）和Altamure（1996）曾提到的。从很多垂乳发端于树干或
树枝的受伤部位这一事实是该学说的有力支持。从树奶的着生部位来看，当主干
损坏、主枝被修剪、生长扭曲、树皮破裂等强烈外界刺激后，首先在"受阻区"
形成一团愈伤组织，继而形成瘤状突起，最终发育成一具顶端生长的树奶。Fujii
（1895）曾总结出垂乳的4个形态特征和发育模式，认为它经常在古树断裂的主干
或健壮不定芽基部形成，有时候也在嫁接的银杏树上形成，很多情况下它伴随着
愈伤组织而形成。认为Masercylinder or Cylindermaser起源有四种类型均与银杏不

定芽有关。通过大量的母枝及具有Masercylinder的枝，已经发现其内有"短枝"嵌入；Masercylinder的形成作为愈伤组织形成的次生生长，可能追溯到愈伤组织发育的大量不定芽；通过对嫁接银杏Masercylinder形成的研究发现，Masercylinder发育的最初阶段是单一的不定芽；较小的Masercylinder可以在根系中形成，在其顶点处有一个很壮的不定芽，且在大多数情况下一个或两个朝向中心的不定芽意外地增厚。次生垂乳在侧向部分，后者可能是在Masercylinder生长过程二次发育形成的。临时芽和不定芽的发育与Masercylinder的形成有关，Masercylinder的发育总是伴随着此处的营养增加和压强下降。

三、环境诱变说

银杏是一种进化程度较低的种子植物，保留着在湿润环境中易生茎块的习性，因此在较湿润的条件下易形成树奶。贵州乐民乡的黄家营村坐落在半坡上，但有两条终年不断水的大沟从村中流过，村内湿度大，该村的银杏长树奶的也特别多。而在坡顶及公路边上较干燥环境下的树则很少见到树奶。在我国从北向南垂乳银杏的发生频率逐渐增加。作者调查发现，在沟谷、山峪、溪旁气候温和、空气湿润大的立地条件下银杏垂乳极易发生。据妥乐、黄家营调查统计结果表明（向淮等，2003）：盘县银杏大树的50%以上能产生树奶，而且单株树奶量较大。但是，绝大多数树奶仅停滞于短小的乳突状阶段，难以发育成较大的气根或支柱根。密集树奶常发生于枝干的下腋部，呈节状、乳突状排列。一般5～10cm粗，最粗不过20cm，最长不过40cm。较贵州省北部和中部的树奶（粗20～40cm，长100～200cm）明显趋小。观察表明，造成树奶难以长大的原因，同这里季节性干旱气候明显相关，也同大面积古森林消失有关。而同甘肃东南部徽县一带无树奶情况形成鲜明的生态系列：即半干旱区（无树奶）、季节性干旱区（树奶乳突状）和湿润的气候区（长大的树奶）三大过渡类型。这也是研究银杏树奶有无、形成和功能的敏感区。

四、病变或衰老说

关于树奶的成因目前说法不一。像侧柏一样，银杏树的主干、大枝隐芽很多，一旦受到强刺激就会大量萌生。Fujii（1895）认为，树奶是潜伏芽形成的一种生理变态。这种气生树瘤当达及地面时可以产生营养枝。李正理（1991）认

为，树奶可能是由病毒诱生而成（Lee和Black，1956），或未知的因素（White和Millington，1954）。但Sakisaka（1929）发现日本最大的垂乳是在一棵非常古老的树上，垂乳长4m，直径20m，但已经死了，坚硬的木质部外露，认为垂乳的形成既可能在雌株也可能在雄株上，可能是老龄树一特殊结构，可能是一种衰老，而不是一种病态（Li，1961）。但李惠林（1961）报道，在东京大学院内及沿街两边，银杏栽培很普遍。年龄大多都在80年以上。这些约50年生树在树干与主枝交接处下部有树奶产生，它们总是在修剪的枝上或保留在树干上的枝桩上形成。因此，树奶发生不只是老龄结果，也与损伤引起正常汁液外流、树皮破坏有关。

五、子叶芽说

作为其正常的个体发育的一部分，这些被压抑的枝芽（shoot buds）起源于所有银杏小苗子叶轴上（cotyledonary axils）的表层分生组织。在发育的六周内，这些芽潜伏在茎的皮层内，以后的生长和发育在表层下面进行。当苗轴被损坏之后，这些潜伏的子叶芽（cotyledonary buds）中的一个通常从干上向下生长成木质状，似根状的基生垂乳，可在适宜的条件下产生新梢和不定根。基生垂乳的发育与气生垂乳不同，实际上，基生垂乳是预存的枝芽（preexisting shoot bud）发育而来的，基生垂乳作为银杏树正常发育的一部分，是在其中的一个子叶节上形成的，且可预知。相反，气生垂乳是老的树枝上形成的，且不可预知的，通常与严重的树干或树冠伤害有关。值得注意的是，气生和基生树瘤都具有产生营养枝的能力（Del Tredici等，1992）。

第七节　根生垂乳研究

本团队近几年重点围绕根生垂乳的形态及解剖、组织化学、不同处理对根生垂乳形成的影响等进行了较系统研究，并得出一系列结论。

一、根生垂乳的形态特征

根生垂乳在1年、2年生银杏苗上发生率较低，而在4年、5年生苗上发生率很高，这与Del Tredici（1992b）的研究结果相似，说明垂乳的发生与苗木年龄有关，但根生垂乳具体需要多少年发育成熟，还需要进一步研究。根生垂乳均产生于根茎交界处，并不是在根上产生，这与邢世岩（1996年；1996b）和Del Tredici（1992b）研究结果一致，这可能与银杏的茎（枝）分化系统有关。垂乳均向下生长，Del Tredici试验证明不管是平放还是倾斜放置苗木，垂乳均向下生长，Barlow and Kurczynska（2007）认为是生长素由于重力作用在垂乳顶端积累而使细胞产量增加造成，当生长素进入正在延伸的垂乳中后能改变重力引物的方向（Mancuso et al.，2006），这说明根生垂乳的向地生长很可能是受重力影响。

单株垂乳个数越多，根生垂乳的长度和基径就相对小（付兆军等，2013），Takami（1955）研究认为银杏垂乳是一种营养贮存器官，对于其他树种，比如桉树（eucalyptus）（Carr et al.，1984）、垂花树莓（*Arbutus unedo*）（Sealy，1949）、栓皮栎（*Quercus variabilis*）（Molinas et al.，1993）和北美红杉（*Sequoia sempervirens*）（Del Tredici，1995）的研究表明，根生垂乳或树瘤是碳水化合物和矿质营养的储存场所，因此可推断银杏根生垂乳具有储存营养物质的能力。但银杏根生垂乳内营养成分种类、分布及含量目前还不清楚。总体上，有萌蘖单株的垂乳长度和基径比无萌蘖单株的要小，笔者认为这是萌蘖的产生对营养物质竞争所致。根生垂乳上能发生不定根，与银杏垂乳相似的北美红杉的树瘤插入水中时也能产生不定根（Fritz，1928）。Del Tredici（1992b）研究证明银杏根生垂乳也能产生向上生长的枝条，Fujii（1895）报道过向下生长的垂乳接触地面后产生根和枝条的现象，说明垂乳是一种繁殖器官。银杏基生垂乳这种营养繁殖能力，对于银杏种群的繁衍和栽培利用都具有十分重要的意义。

本研究表明，根生垂乳外部可见形态的发生始于子叶节间类愈伤组织的形成。在5周的银杏苗上，正对种子的子叶间有子叶芽愈伤组织形成。子叶芽愈伤组织呈盾形，乳白色，紧贴子叶节区表皮，长0.2cm，基径0.1~0.2cm。9周生的苗上，愈伤组织已经形成垂乳的原始形状，长0.2~0.3cm，基径0.2cm。1年生的银杏苗上，根生垂乳长度平均0.21cm，基径平均0.41cm，此阶段的根生垂乳呈明显地"钟乳状"，垂直向地生长。2年生的苗木上的根生垂乳，长度平均0.62cm，基径平均1.19cm，部分根生垂乳已有不定根的产生。4年生苗上的根生垂乳长度平均1.20cm，基径平均1.57cm。5年生苗木上根生垂乳长度平均为2.51cm，基径平均为2.02cm，除长度和基径有所增加外，不定根的数量和粗度均增加。1年、2年、4年

和5年生银杏苗的单株垂乳数、根生垂乳发生率、基径和长度在苗龄间均差异极显著，均随苗龄增大而增大。在发育过程中，根生垂乳周皮颜色变化依次为乳白色、黄褐色和褐色，最终与茎周皮颜色相同，周皮开裂程度逐渐增大；单个根生垂乳中，顶端周皮薄且呈乳白色或褐色，光滑或开裂较小，基部为褐色，开裂大。

二、不同处理对根生垂乳的影响

1. 处理与根生垂乳的形态

本研究表明，随苗龄的增大，垂乳发生率、单株垂乳数增加。平放、移栽对根生垂乳发生率促进作用明显，平茬能明显增加单株垂乳数。这与Del Tridici（1992b）认为根生垂乳的发生是银杏个体发育的一部分，并且在外界环境干扰较大的情况下容易产生的观点是一致的。平放处理后，根生垂乳均处于水平状态，由于根生垂乳均向地生长（Del Tridici，1997；付兆军等，2013），垂乳的生长方向并未沿水平方向延伸，而是向地生长，并且根生垂乳只有一个顶点的生长模式被打破。Barlow and Kurczynska（2007）认为银杏的枝生垂乳是枝干内特定部位维管形成层极度活跃的产物，并推测垂乳的形成与生长素的极性运输有关。植物形成层细胞内生长素由纵向自上往下的运输（Schrader et al.，2003），可以预测在维管形成层处形成的根生垂乳可能会缺少特定的重力感应区，正在延长的根生垂乳中进入的生长素可能会改变重力引物的方向，生长素过量就引起了随后的垂乳向下生长（Mancuso et al.，2006）。苗木平放处理可能改变了根生垂乳内生长素向顶端运输的平衡，使垂乳内生长素在垂乳的下表面平衡分布，所以会出现垂乳多个顶端现象。由于苗木平放后生长素向原有垂乳极性运输量的减少，而在埋入地下的根茎转换区域积累，使该区域发生的根生垂乳增多，这是平放处理使根生垂乳发生率增高、单株垂乳数增多的可能原因之一。垂乳基径和长度均随苗龄的增大而增加，三种处理措施处理均能使垂乳基径和长度增加，但平茬、平放对垂乳基径的增加作用明显，平放处理对垂乳长度促进最明显，这与Del Tridici（1997）的研究结果是一致的。苗木的生长方向可能影响碳水化合物的分配模式（Del Tridici，1992b），平放使苗木的营养物质分配发生改变，垂乳基径和长度的增加是营养物质分配模式改变的证明之一。

2. 根生垂乳不定根

由茎、叶、老根或胚轴上产生的根被称为不定根（张宪省等，2005），根生垂乳上产生的根系位置不固定，所以被认定为不定根。根生垂乳不定根的发生率、数目和长度均随苗龄的增大而增加（付兆军等，2013年）。本研究中，平茬与移栽对不定根的产生促进作用明显，而平放、移栽促进不定根长度的增加。平茬之后新生枝叶代谢旺盛，需要大量的水分与养分供应（高玉葆等，2002），作为吸收水分和养分的主体，根系会快速大幅度的增加，提高植株的水分和养分可获得性（郑士光等，2010）。银杏苗平茬后，除正常根系的增加外，根生垂乳上不定根数量与长度明显的增加，这是银杏自身对外界损伤的一种应对策略。Fujii（1895）曾报道枝生垂乳能产生枝叶，接触地面后能产生根，Del Tridici（1992b）研究发现根生垂乳能产生枝叶，而本研究发现根生垂乳也能大量产生不定根，由此可见，根生垂乳具有明显的营养繁殖能力。Barlow and Kurczynska（2007）发现银杏枝生垂乳没有顶端分生组织，作者通过解剖发现根生垂乳也没有顶端分生组织，由这种特殊结构特征很容易联想到根托。根托是一种无叶的枝（Bruchmann，1905），从茎基部生出，是向地性的，但没有根冠（钟恒等，1997），一旦根托向下或向土壤伸展时，先端可形成内生性起源的根（Webster et al.，1967）。裸蕨植物中石松类（Lycopsida）、卷柏类（Selaginella）植物具有根托且能从根托上产生不定根（Lu and Jernstedt，1996；Kato and Imaichi，1997），由银杏根生垂乳的特征看，其很可能是根托的一种原始形态，这与Barlow et al.，（2007）的观点一致。将根生垂乳看作是根托，能够解释根生垂乳没有顶端分生组织，但却能产生内源性的根和向上生长的枝叶的现象。本研究对1年、2年和5年苗木根生垂乳的调查未发现有枝叶产生，这说明根生垂乳上枝叶的形成可能与苗龄有关，或者需要特殊的环境条件。一个值得注意的问题是，5年生苗木根生垂乳上的不定根普遍存在腐烂现象，原因有待进一步研究。

3. 根生垂乳生物量

根生垂乳皮厚随苗龄增大而增加，明显比根的皮厚。平放苗木的根生垂乳皮厚度最小，这可能与根生垂乳生长方向的改变有关。三种处理方式均能提高根生垂乳的木质化程度，根生垂乳木质化程度大于根的木质化程度，这与Barlow and Kurczynska（2007）的结论是一致的。平茬能显著增加根生垂乳、木质和皮的鲜重和干重，这与平茬后段时间内地上部分营养物质消耗减少、根系吸收的水分及营养物质主要用于了根系及根生垂乳的生长有关。根生垂乳的木质和皮的含水量均在60%以上，1年、2年生苗木根生垂乳含水量与根的差异不明显，但5年生苗木

的根生垂乳的含水量与根差异显著，说明发育成熟或近成熟的根生垂乳与根含水量不同。根生垂乳虽然着生在根茎交界处（Del Tridici，1992b；邢世岩，1996年），但从上述多个指标看与根差异显著。Fujii（1895），Li and Lin（1991），Barlow and Kurczynska（2007）等研究表明，干生和枝生垂乳的解剖结构与干和枝明显不同，在这种情况下，根生垂乳有可能是一个独特的器官。该器官能储存碳水化合物和矿质营养，是产生和储存抑制芽（suppressed buds）的场所，能够从主干受伤处萌发，向上生长形成幼化的复干，此外根生垂乳还有"攀缘器官"（clasping organ）的作用（Del Tredici，1992年；1993；1997）。

本研究表明，平放、移栽对根生垂乳发生率促进作用明显，平茬能明显增加单株垂乳数。平放处理后，根生垂乳均处于水平状态，由于根生垂乳均向地生长，垂乳的生长方向并未沿水平方向延伸，而是向地生长，并且根生垂乳只有一个顶点的生长模式被打破。三种处理措施均能使垂乳基径和长度增加，但平茬、平放对垂乳基径的增加作用明显，平放处理对垂乳促进最明显。

本研究采用平茬、平放和移栽等措施处理银杏苗木，人为的干扰银杏苗的生长，结果表明根生垂乳的形态变化明显，形态指标、部分生理指标及生物量均表现出增加的趋势，这暗示根生垂乳这种特殊结构与银杏适应外部环境的能力有关。根生垂乳具有繁殖能力，可能是一种根托的原始形态。由此可见，银杏根生垂乳这种特殊结构具有重要的生态学和系统学意义，其具体功能和形态学本质还需要进一步研究才能揭示。

三、根生垂乳的解剖特征

1. 根生垂乳发端

1895年日本学者Fujii认为枝生垂乳发生的第一步是产生一个潜伏的芽。观察表明，银杏根生垂乳的发端始于子叶节区子叶芽的产生，这与Del Tredici（1992b）的研究结果是一致的。子叶芽的发生位置是固定的，但其在不同单株的发生过程却不同步。子叶芽由皮层薄壁细胞恢复分生能力发育而来，属于外起源（Del Tredici，1992b），这似乎与针叶树针叶轴上分离的分生组织发育相似（Fink，1984），这些分生组织在所在侧枝受损害后能产生芽或嫩梢（Fink，1984）。Del Tredici（1992b）认为根生垂乳是由子叶芽直接发育而来，而本研究的结论并不支持这种观点。子叶芽具有顶端分生组织，而根生垂乳没有明显的顶端分生组织。

所以笔者认为，根生垂乳并不是由子叶芽直接发育而来，而子叶芽只是皮层类愈伤组织产生的必要条件。Del Tredici（1992b）认为根生垂乳是银杏苗正常发育的一部分，而枝生垂乳却是银杏树干或侧枝上一种不可预测的过程，Barlow and Kurczynska（2007）研究表明，枝生垂乳起源于极度活跃的维管形成层。由此可见，根生垂乳虽然在形态上与枝生垂乳相同，但起源是有区别的，根生垂乳与枝生垂乳是两种不同的器官。

木质块茎（lignotuber）是一个具有大量潜伏芽的储存器官，能够保障地上器官受损伤后快速的恢复生长（Kerr，1925；Bamber and Mulette，1978；James，1984；Molinas and Verdaguer，1993），在栎类（*Quercus* spp.）、桉属（*Eucalyptus* spp.）和一些地中海类植物中均存在（Sealy，1949；Montenegro *et al.*，1983；Carr，1984；James，1984；Molinas and Verdaguer，1993；Verdaguer and Ojeda，2005）。根生垂乳的发生方式与栓皮栎（Molinas and Verdaguer，1993）、桉属（Carr，1984）、垂花树莓（Sealy，1949）、班克木属（*Banksia*）（Mibus and Sedgley，2000）和欧石楠科（Ericaceae）（Verdaguer and Ojeda，2005）植物的木质块茎形成过程十分相似，均由一个潜伏的子叶芽和皮层增生的薄壁组织发育而来。因此，Del Tredici（1997）将根生垂乳称之为木质块茎也具有一定的合理性。本研究发现，根生垂乳的形成过程中，子叶芽潜伏在皮层中，这与Del Tredici（1992b）的观察结果类似。

本研究观察表明，根生垂乳的发端包括子叶芽的形成、子叶芽愈伤组织的形成和根生垂乳形成三个时期。子叶芽期：子叶芽在35天生及以上的银杏苗子叶节区固定发生，且均位于子叶与胚轴连接处茎的皮层中。35天生的银杏小苗中，子叶迹正对的维管形成层细胞活跃，42天生的银杏苗中，子叶迹与茎的维管形成层相对的区域表皮内3～5层薄壁细显示分裂能力旺盛，即为子叶芽的发端细胞。经垂周和平周分裂，发端细胞分化成分生组织区域。分生组织区域继续发育形成一个锥状结构，锥状结构的底部与茎的维管束连接。随后，锥状结构中心形成一个近三角形的开口。锥状结构底部细胞排列紧密、细胞质浓、分裂旺盛，逐渐形成一个两侧略突起，中间明显突起的芽，即为子叶芽。子叶芽与茎的维管系统完整连接，潜伏在距表皮3～4层细胞的皮层中。

子叶芽愈伤组织起源于皮层薄壁细胞。在子叶节区的两子叶结合位置，胚轴的加粗与子叶芽向外延伸均受到子叶的限制而形成子叶芽愈伤组织。42天生苗中

子叶芽愈伤组织已明显突起，呈圆锥状，由较大的薄壁细胞构成，且薄壁细胞分裂旺盛，木栓形成层活跃，存在大量分泌腔。49天生的苗中子叶芽愈伤组织呈明显的圆锥状突起，突起中薄壁细胞分裂旺盛，子叶芽愈伤组织在与皮层连接处形成缢裂。56天苗中，子叶芽愈伤组织与皮层连接处的缢裂加深，且愈伤组织呈圆形或半圆形，薄壁细胞由无规则排列转变为径向排列，与皮层中薄壁细胞排列方向垂直。63天的苗中，子叶芽愈伤组织含有大量不同发育程度的分泌腔，分泌腔直径较大，子叶芽愈伤组织呈现向地伸长生长趋势。

从第63天开始，茎的形成层细胞明显加宽，有向子叶芽愈伤组织延伸的趋势。105天时，茎的维管形成层已经延伸到子叶芽愈伤组织内，银杏苗子叶节区的维管系统与子叶芽愈伤组织完全连接，子叶芽愈伤组织被向外挤压形成根生垂乳的皮层。横切面显示，连接处的维管形成层已经向内分化出次生木质部，向外分化出次生韧皮部，实现了连接部位的加粗生长。纵切面显示，2年和5年生根生垂乳顶端由周皮、皮层、韧皮部、木质部、形成层和髓构成。皮层中存在大量发育程度不同的分泌腔，并且在髓射线与形成层交叉处存在不定芽。根生垂乳髓中没有初生木质部，因此，根生垂乳的初生木质部发育方式与茎相同。

2. 根生垂乳生长

Barlow and Kurczynska（2007）通过解剖表明，银杏枝生垂乳顶端没有分生组织。本研究表明，根生垂乳顶端也没有典型的顶端分生组织，但存在潜伏的不定芽和大量不同发育程度的分泌腔。

Turner（1999）和Dangl et al.（2000）认为植物分泌结构形成过程中存在细胞程序性死亡的现象。本研究对根生垂乳分泌腔的观察发现其分泌腔形成过程中伴随着细胞程序性死亡（PCD），这与黄岩和邢世岩（2012）对叶籽银杏（*Ginkgo biloba* var. *epiphylla*）发端期胚珠的分泌腔的研究结果相类似。Teper-Bamnolker et al.（2012）研究表明，马铃薯（*Solanum tuberosum*）顶芽分生组织在生长过程中，尤其是失去顶端优势的情况下，都伴随着细胞程序性死亡，并且细胞程序性死亡与顶端优势的抑制和侧芽的萌发有关。本研究中，根生垂乳顶端分泌腔大量发生，作者推断根生垂乳顶端生长过程中伴随着细胞程序性死亡。石鹏等（2002）对豌豆（*Pisum sativum*）顶芽衰老的研究发现，顶芽的分生组织细胞发生程序性死亡形成分泌腔，影响了顶芽的正常分化，导致衰老。根生垂乳顶端存在的不定芽顶端分生组织中分泌腔数量不断增多，顶端分生组织中具有分生能力的细胞会逐渐减少，随着新不定芽的产生，原不定芽被向外挤压，形成分泌腔集中的"锥状"突起。"锥状"突起内细胞好像具有顶端分生组织和形成层射线原始细胞的特征（Barlow and Kurczynska，2007），就像根的中柱鞘上的伸长细胞接受到生根的刺激，然后从后来的侧根原基分化为短的小的子细胞（Casero et al.，1995；Barlow et al.，2004）一样。Barlow and Kurczynska（2007）认为银杏树干的次生韧皮部的薄壁组织的射线状细胞有可能成为垂乳发育的分生区，其所描述的垂乳发育的分生区与本研究的"锥状"突起区域类似。"锥状"突起的形成导致了顶端皮层的加厚，这可能是根生垂乳没有顶端分生组织却能伸长生长的原因，这与Barlow et al.（2002）的观点是一致。

纵切面上，根生垂乳顶端形成层由2~5层纺锤状细胞排列而成，与茎的形成层没有太大差别（Srivastava，1963）。形成层细胞宽度比横切面的略大，纺锤状细胞排列同横切面类似，但是顶端形成层纺锤状细胞排列较杂乱，在横向、径向及周向间，纺锤状细胞均有定向排列（Barlow and Kurczynska，2007），显示旺盛的分裂能力。形成层纺锤状细胞进行平周和垂周分裂（Barlow et al.，2005；Barlow and Kurczynska，2007），向内形成木质部，向外形成韧皮部和不定芽。根生垂乳顶端的木栓形成层细胞活跃，向内分化形成栓内层，向外形成木栓层，在一定程度上也使根生垂乳伸长。除顶端以外的形成层细胞平周分裂导致根生垂乳的加粗生长。银杏根生垂乳这种长度和粗度的增加方式是一种充分利用形成层和分生组织的"进化尝试"（Barlow and Kurczynska，2007）。

3. 根生垂乳的解剖结构

本研究表明，根生垂乳由周皮、皮层、韧皮部、形成层、木质部和髓构成，这与Barlow and Kurczynska（2007）对枝生垂乳解剖结构的观察是一致的。与Fujii（1895）的观察结果类似，Li and Lin（1991）解剖发现枝生垂乳中有不同宽度的年轮，且年轮呈波浪状，中心存在髓射线，管胞排列不规则。本研究中，5年生及以下的银杏苗的根生垂乳中心均存在髓，髓所占的比例随苗龄的增大而减小。同一苗木上，根生垂乳的髓射线与韧皮射线比根或茎中的发达，髓射线与韧皮射线均表现出较大的变异。髓射线与韧皮射线的薄壁细胞体积较大，射线较宽，这可能与碳水化合物和水分的储存有关（Carlquist，1978）。此外，韧皮射线和髓射线薄壁细胞还具有分裂能力，保留了原始细胞的特性。

与茎、根相比，根生垂乳的木质部管胞表现出丰富的变异。在根生垂乳基

部，管胞排列同茎中类似，管胞口径规则。而在中部，无论是排列还是口径，均发生变异，管胞排列呈现一定无规律性，管胞口径差异较大，这似乎与Carlquist（1978）对桉树木质块茎的研究结果类似，他认为木质块茎的导管比茎的更宽且短。在顶端，木质部发育程度较低，多处于初生木质部发育阶段。初生木质部的发育方式分为内始式和外始式（张宪省等，2005），根生垂乳的初生木质部发育方式为内始式，这与茎的初生木质部发育方式是相同的，而与根有本质不同。

根生垂乳的形成层由纺锤状细胞和射线薄壁细胞构成，这与枝生垂乳的形成层是相同的（Barlow and Kurczynska，2007）。与根、茎不同的是，5年及以下的银杏苗上的根生垂乳的形成层不连续或不完全连续，这与Barlow and Kurczynska（2007）对枝生垂乳的研究结果不完全相同，这可能与本研究所用的根生垂乳的年龄较小有关。从根生垂乳顶端到基部，根生垂乳形成层逐渐变得规范（Barlow and Kurczynska，2007）。在根生垂乳顶端，形成层纺锤状细胞排列则呈明显的无规律性。与同一时期的根、茎相比，根生垂乳皮层、韧皮部的厚度相对较厚，并且在同一根生垂乳上，从根生垂乳基部到顶端，皮层和韧皮部厚度逐渐增大，这与根生垂乳的外观形态是相吻合的。

Kerr（1925）简要介绍了木质块茎的解剖结构。木质块茎组织中含有促进形成层形成的芽，并且含有与桉树木质化的茎中相同的细胞类型。Chattaway（1958）进一步研究表明，在木质块茎细胞中的成分，在茎中也存在（比如在导管细胞、射线薄壁细胞和纤维管胞）。在最系统的木块茎解剖的描述中（Bamber and Mullette，1978），木质部被认为是类似于茎组织，但是木质块茎有相当于茎两倍的轴向薄壁组织，大约相当于茎1.5倍数量的纤维管胞，为木质块茎周长的增加提供了必要的支持结构，弥补了纤维组织数量的减少。木块茎的表皮类似于茎的表皮。由此可见，本研究所阐明的根生垂乳的解剖结构与前人研究木质块茎的解剖结构类似，在结构上均与茎类似。

Carlquist（1975；1977；1978）对Bruniaceae、Peneaceae、Geissolomataceae和Grubbiaceae4个科的部分树种的木质块茎研究发现，尽管木质块茎的导管一般比较短，相比于茎中的木质部，木质块茎木质部具有较高的脆弱性和健壮性。这表明，水可用性和水的贮藏对木质块茎组织都有很高的依赖性。木质块茎木质部也有其他更多的功能，可能或对水分、养分和碳水化合物的存储有作用。在这些家族中，茎、根和木块茎的这些特征和分布被认为是比较原始的，这表明这些家族

（拥有木块茎）通常比较原始。因此，银杏根生垂乳可能是银杏这种古老的孑遗植物在长期进化过程中保留的一种较为原始的特征。

周皮包括木栓层、木栓形成层和栓内层。木栓形成层在横切面上呈纺锤状，进行平周分裂，向外形成木栓层，向内形成栓内层。木栓层细胞呈长方形，排列紧密栓内层细胞形状近长方形，但不完全规则，胞间隙较大。根生垂乳周皮的栓内层一般由1～3层纺锤状细胞构成，在不同苗龄间差异不大。栓内层由1～2层近长方形的薄壁细胞构成，在不同苗龄间变化不大。而木栓层则苗龄增大而增厚，且与根、茎相比，其厚度相对较小。

四、根生垂乳分泌腔

1. 根生垂乳分泌腔的发生及发育方式

关于分泌腔的研究，早期主要集中于桃金娘科和芸香科（胡正海等，1993）。此外在豆科、锦葵科植物中也有一些报道（Esau，1965；Fahn，1979）。在银杏中先后有Ameele（1980）、Alain等（1990）、彭方仁等（2001；2003）、王莉等（2010）、黄岩等（2012）对茎、芽鳞、胚胎及种皮等器官或组织的分泌腔进行了研究。

Esau（1965）和Fahn（1979）都曾指出，植物体内分泌腔的发生方式有3种，即裂生、溶生和裂溶生。银杏苗木根生垂乳的分泌腔起源于皮层薄壁细胞中分泌腔原始细胞团。原始细胞团的中央细胞胞间层膨胀，形成胞间隙，胞间隙扩大的同时，中央细胞溶解。分泌细胞不断溶解的同时，另外一些细胞切向延长，分泌腔不断扩大至成熟。由此可见，银杏苗木根生垂乳分泌腔的发生是裂溶生的。这与Alain等（1990）和彭方仁等（2001；2003）对银杏叶、茎、芽鳞和胚的观察，王莉等（2010）对银杏外种皮的观察，黄岩等（2012）对叶籽银杏胚珠的观察等结果是一致的。这说明分泌腔在银杏不同器官中发生方式具有一致性，而漆树乳汁道和茱萸的分泌腔在营养器官中和在生殖器官中发生方式不同（赵桂仿，1983；王黎等，1990），这可能跟银杏这一古老的孑遗植物在其进化上较为原始的原因有关（王莉等，2010）。在同一切面上存在不同发育阶段的分泌腔，说明银杏苗木根生垂乳中分泌腔的发育具有显著的不同步性。银杏外种皮分泌腔直径约为300μm（王莉等，2010），正常银杏胚珠中分泌腔直径为155.5μm，叶生胚珠分泌腔直径为167.9μm（黄岩等，2012），而银杏苗木根生垂乳分泌腔直径最大达854.7μm，平

均为566.7μm，远高于上述其他器官或组织的分泌腔。较大的分泌腔孔径可能与银杏苗木根生垂乳内发达的物质分泌、运输有关。

2. 根生垂乳分泌腔的分泌物

以往对银杏叶片、茎、胚等器官分泌腔的分泌物的研究表明，其主要成分是脂肪、油脂和树脂（Scholz，1932；Ameele，1980；Alain *et al.*，1990）。本研究中，根生垂乳原始细胞团具有较强的嗜锇性，表明早期分泌细胞内含有较多的脂类物质，但其淀粉含量较少。中央细胞溶解阶段，分泌细胞及空腔中均有黑色嗜锇物质和较小的淀粉粒。另外在空腔中还有大量蛋白质类物质，该蛋白质基本为分泌细胞溶解后释放的核蛋白。分泌腔成熟后，分泌细胞中淀粉粒及蛋白质含量均较低，但分泌细胞与鞘细胞均呈现较强的嗜锇性。由此可见，分泌细胞及其分泌的物质中有大量的脂类物质，这与彭方仁等（2003）的观察结果基本一致，根生垂乳分泌腔是脂类物质贮藏和分泌的场所。银杏叶片中含有的黄酮类（Flavonoids）和银杏内酯（ginkgolides）等物质（邢世岩等，2002），这些具有药理活性的物质与内部分泌器官的发生发育密切相关（Alain *et al.*，1990）。银杏苗木根生垂乳中分泌腔数量多、体积大，这预示着根生垂乳中可能含有大量的具有药理活性的物质。但银杏苗木根生垂乳分泌物的具体成分及分泌运输方式还需进一步研究。

3. 根生垂乳分泌腔及其系统学意义

自1895年日本Fujii首次报道银杏垂乳后，先后有Li and Lin（1991）、Del Tridici（1992年；1992b；1997）、邢世岩（1996年）、Barlow和Kurczynska（2007）、付兆军等（2013）等对银杏的干生、枝生和根生垂乳进行过系统研究，但垂乳的形态学本质仍没有定论。本研究表明，银杏苗木根生垂乳中存在分泌腔，其分布、发生发育方式均与茎、叶、芽鳞、种皮、胚珠中的分泌腔一致。Ameele（1980）研究表明，银杏根中没有分泌腔，因此银杏苗木根生垂乳虽然着生在根茎转换区域，但其与根存在本质区别。银杏苗木根生垂乳顶端的不定芽分生组织中存在大量发育程度不同分泌腔，这为解释根生垂乳的伸长生长提供了新的依据。付兆军等（2013）研究证明，银杏苗木根生垂乳能大量产生不定根，Barlow和Kurczynska（2007）因垂乳接触地面后能生根的原因，认为银杏垂乳可能是"根托"的一种原始形态，由此可见根生垂乳具有营养繁殖的能力。Del Tridici（1992年；1992b；1997）认为银杏苗木根生垂乳是一种"木质块茎"，具有储存营养物质的能力，本研究中，分泌腔周围的皮层薄壁细胞中存在的大量的体积较大的淀粉粒证明了该观点的正确性。本研究认为银杏苗木根生垂乳是一种既具有繁殖能力，又具有营养贮存能力，类似于地下"木质块茎"的特殊器官。

研究表明，银杏苗木根生垂乳中，分泌腔主要分布在皮层中。63天生银杏苗上根生垂乳便有分泌腔产生，直径在400μm以下。63天、2年和5年生的根生垂乳中均有大量分泌腔的存在，不同发育程度的根生垂乳分泌腔数量不同。成熟的分泌腔是由一层分泌细胞围绕一个圆形或椭圆形的腔道和2～3层鞘细胞构成。分泌细胞壁向内突起，分泌腔道内壁在横切面上呈波浪状，分泌腔由一层染色较深，但结构不清楚的细胞构成。成熟的分泌腔直径最大854.7μm，最小234.0μm，平均为566.7μm。

分泌腔起源于皮层中一团圆形或椭圆形的排列致密的原始细胞。原始细胞迅速液泡化，细胞体积增大中央细胞胞间层膨胀、溶解，形成胞间隙。分泌腔隙扩大到一定阶段，部分分泌细胞向内突起，中央细胞开始溶解，分泌腔随中央细胞的不断裂解而逐渐扩大。在分化的最后阶段，分泌细胞溶解停止，切向伸长不再进行，分泌腔直径达最大，完整的分泌细胞环形分布在分泌道的周围，分泌腔形成。

纵切面上，根生垂乳顶端形成层与髓射线交界处产生不定芽，在其顶端分生组织中存在不同发育状态的分泌腔。分泌腔的形成逐渐使不定芽的分生组织失去旺盛的分裂能力，在韧皮部与皮层之间形成一个分泌腔集中发生的区域，且该区域的形状整体保持不定芽的顶端突起状，即"锥状"突起。不定芽的顶端分生组织是分泌腔发生最为活跃且分泌腔数量最多的区域。

本研究中，根生垂乳原始细胞团具有较强的嗜锇性，表明早期分泌细胞内含有较多的脂类物质，但其淀粉含量较少。中央细胞溶解阶段，分泌细胞及空腔中均有黑色嗜锇物质和较小的淀粉粒。另外在空腔中还有大量蛋白质类物质，该蛋白质基本为分泌细胞溶解后释放的核蛋白。分泌腔成熟后，分泌细胞中淀粉粒及蛋白质含量均较低，但分泌细胞与鞘细胞均呈现较强的嗜锇性。由此可见，分泌细胞及其分泌的物质中有大量的脂类物质。

五、根生垂乳组织化学及其系统学意义

1. 淀粉粒的数量与分布

对于淀粉粒的描述有"淀粉粒"和"淀粉体"等不同说法（周竹青等，

2001），其实淀粉体是植物贮藏组织中的一种细胞器，而淀粉粒是一种后含物（张宪省等，2005；韦存虚等，2008），本研究采用"淀粉粒"进行描述。银杏中，雌配子体是含淀粉数量最多的器官。Favre-Duchartre（1958）研究表明，淀粉粒作为重要的营养物质在原叶体细胞中6月底开始积累。陆彦等（2011）研究发现，受精后45天左右，银杏胚乳细胞中仅有淀粉粒8个，60天时淀粉粒达12个，60～90天时，淀粉粒数量不断增加。邢世岩等（2010）研究叶籽银杏淀粉粒特性表明，不同单株间淀粉粒数量存在较大差异。本研究发现，银杏根生垂乳中淀粉粒均存在于薄壁细胞中。从9周生银杏苗上的子叶芽愈伤组织薄壁细胞中就有淀粉粒的积累，但量很少。2年和5年生根生垂乳中，淀粉粒在皮层、韧皮部、射线及髓中均有分布。2年生根生垂乳基部和中部，皮层和韧皮部的淀粉粒数量最多，而在顶端，则是髓中薄壁细胞所含淀粉粒最多。5年生根生垂乳淀粉粒分布趋势与2年生根生垂乳类似。根生垂乳基部木质化程度较高，髓所占比例较小，而顶端木质化程度较低，髓占比例较大，这可能是顶端髓中淀粉粒数量较多的原因。此外，细胞中淀粉粒需要经过一段时间才能积累（陆彦等，2011），基部皮层、韧皮部的发育早于顶端的，故淀粉粒积累相对较多。2年和5年根生垂乳基部4种组织间淀粉粒数量差异显著，而中部和顶端的却没有表现出一致的规律性，这可能与中部、顶端的组织还未分化完全，淀粉粒尚在发育的原因有关。

2. 淀粉粒的形态

单粒淀粉的主要形状有圆球形或类圆球形、三角形或类三角形的四面体、椭圆形及不规则的短凸形。复粒淀粉常见的为两粒粘在一起或三粒镶嵌如鼎足状（陈俊华，1991）。银杏胚乳在不同发育时期的淀粉体形状不同，授粉后60天，淀粉体主要呈椭球形或圆球形；90天时，则形态差异较大，主要有不规则形、椭球形或圆球形（王莉等，2007）。银杏淀粉粒主要呈球形、椭球形或多面体形（敖自华等，1999）。根生垂乳中淀粉粒形状同银杏胚乳和叶籽银杏淀粉粒形状相似（邢世岩等，2010），多为球形、椭圆形或卵圆形。根生垂乳的长轴在1.59～18.57μm，小于汪兰等（2007）的研究结果（5～20μm）。敖自华等（1999）研究表明银杏淀粉粒直径平均15.5μm，而本研究中，根生垂乳的长轴直径平均在10.0μm以下，比种子中淀粉粒小。与小麦（韦存虚等，2008）、木薯（闵义等，2010）、薯蓣（杭悦宇等，2006）、粟黍和狗尾草（杨晓燕等，2005）等富含淀粉的植物相比，根生垂乳淀粉粒长轴要小的多。淀粉粒的大小是由遗传因素决定的，它与淀粉的生物合成的机理有关，淀粉粒的性质及其成分的性质与淀粉粒的大小也有关（邢世岩等，2010）。因此，根生垂乳淀粉粒偏小，一方面是由银杏自身的遗传因素决定，另一方面与根生垂乳的发育阶段或淀粉粒自身的发育阶段有关。

3. 根生垂乳淀粉粒的系统学意义

关于裸子植物淀粉粒研究很少，在某些针叶树木材中的轴向薄壁细胞和射线薄壁细胞内含有淀粉粒。在杉科、柏科木材中较为普遍，在松科的银杉属、铁杉属、油杉属，苏铁科的苏铁属（*Cycas*）也较为普遍。孔冬梅等（2001）对油松花粉形成、发育以及萌发过程中淀粉粒的动态分布作了详细观察。苏铁（*Cycas revoluta*）的叶、花及富含淀粉的茎干和种子都有药用和食用价值（邢世岩等，2010）。

与根、茎相比，在皮层、韧皮部、髓和射线中存在的淀粉粒明显较多，可见，根生垂乳储存淀粉粒的能力比根、茎强。Kerr（1925）认为，在不利的外界环境条件下，如寒冷、干旱的环境下，木质块茎的淀粉浓度可能会降低，这是一种对体内组织的保护；在环境压力较小的条件下，糖类物质又转化为淀粉贮存。Beadle（1968）把木质块茎看作是一个有机化合物的积累器官。Muallette and Bamber（1978）则认为木质块茎是碳水化合物的贮存器官。因此，根生垂乳作为一种类似木质块茎的器官，其中淀粉粒含量可能会随季节或环境的改变而发生变化，对银杏抵御外界环境变化有一定作用。Del Tridici（1997）推断根生垂乳具有贮存碳水化合物的功能，本研究的结果证实了其推断的合理性。

根生垂乳的解剖研究表明，其皮层或韧皮射线与维管形成层交叉处有不定芽发生。在不定芽的发生部位，淀粉粒含量相对较多。这表明淀粉粒可能提供了不定芽分生组织细胞分裂、分化所需要的能量。淀粉粒形态是较为稳定的显微观察指标之一（陈俊华，1991）。杨晓燕等（2005）研究证明，利用粟、黍和狗尾草的淀粉粒形态特征，可以有效地对考古遗存中的几种禾本科植物遗迹进行区分。目前，淀粉粒形态已广泛用于中药及粉末状中成药的鉴定，其植物分类学及系统学意义在姜目芭蕉群（廖景平等，2004）、竹类（温太辉等，1989）、薯蓣属（杭悦宇等，2006）的研究中也得到验证。根据前人对木质块茎的研究结果，结合根生垂乳的形态、解剖与组织化学特性进行分析，根生垂乳可能是银杏一种较为原始的特征。淀粉粒的观察与分析为根生垂乳的系统学研究提供了新的材料。

本研究结论是，银杏根生垂乳中淀粉粒均存在于薄壁细胞中。从9周生银杏

苗上的子叶芽愈伤组织薄壁细胞中就有淀粉粒的积累，但量很少。2年和5年生根生垂乳中，淀粉粒在皮层、韧皮部、射线及髓中均有分布。2年生根生垂乳基部和中部，皮层和韧皮部的淀粉粒数量最多，而在顶端，则是髓中薄壁细胞所含淀粉粒最多。5年生根生垂乳淀粉粒分布趋势与2年生根生垂乳类似。根生垂乳基部木质化程度较高，髓所占比例较小，而顶端木质化程度较低，髓占比例较大。此外，细胞中淀粉粒需要经过一段时间才能积累（陆彦等，2011），基部皮层、韧皮部的发育早于顶端的，故淀粉粒积累相对较多。2年和5年生根生垂乳基部4种组织间淀粉粒数量差异显著，而中部和顶端的却没有表现出一致的规律性。

根生垂乳中淀粉粒形状同银杏胚乳和叶籽银杏淀粉粒形状相似（邢世岩等，2010），多为球形、椭圆形或卵圆形。根生垂乳的长轴在1.59～18.57μm，长轴直径平均在10.0μm以下，比种子中淀粉粒小。2年生根生垂乳中皮层、韧皮部和木射线中均是基部的淀粉粒长轴最大，而髓却是顶端的淀粉粒长轴最大。同一部位中，均是韧皮部的淀粉粒直径最大。5年生根生垂乳中，皮层和韧皮部是基部的淀粉粒长轴最大，而木射线和髓是顶端的淀粉粒长轴最大。5年生根生垂乳的基部和中部是皮层的淀粉粒长轴最大，而在顶端却是韧皮部的淀粉粒长轴最大。根生垂乳短轴直径在1.31～9.50μm，平均在5.0μm以下。2年生根生垂乳中，皮层、韧皮部和木射线中均是基部的淀粉粒短轴最大，而髓却是顶端的淀粉粒短轴最大。基部、中部和顶端3个部位中均是韧皮部淀粉粒短轴直径最大。5年生根生垂乳中，皮层淀粉粒短轴是基部的最大，而韧皮部、木质部和髓中淀粉粒短轴均是顶端的最大。基部、中部和顶端3个部位中均是韧皮部淀粉粒短轴直径最大。

2年生根生垂乳中，皮层、韧皮部及木射线薄壁细胞中均有A型、B型和C型3种类型淀粉粒的分布，髓中没有A型淀粉粒。4种组织中均是B型淀粉粒最多，髓中C型淀粉粒较多。5年生根生垂乳中，皮层和韧皮部薄壁细胞中均有A型、B型和C型淀粉粒的分布，B型淀粉粒最多，韧皮部中A型淀粉粒含量比皮层中多，木射线和髓薄壁细胞中仅有B型和C型两种淀粉粒。

4. 蛋白质与脂肪

系列切片观察表明：2年和5年生根生垂乳中蛋白质含量较少，主要分布于薄壁细胞中。细胞核是蛋白质含量最多的部位，其余较少量的蛋白质分散于整个细胞，无明显的规律。2年生根生垂乳中，薄壁细胞细胞核因含有大量核蛋白而被染成蓝色，在淀粉粒间还存在一定量的基质蛋白。韧皮部薄壁细胞中蛋白质含量较髓和皮层薄壁细胞的多。5年生根生垂乳中，以核蛋白居多，其余蛋白质分布于薄壁细胞中的淀粉粒间。

2年和5年生根生垂乳中具有明显嗜铑性的物质主要分布于分泌腔内。分泌腔发端细胞是小而密集的薄壁细胞，与周围皮层薄壁细胞相比，其嗜铑性明显，胞间隙嗜铑性则更明显。中央细胞溶解时，细胞溶解释放出的物质被苏丹黑B染成黑色。向四周扩散的分泌细胞嗜铑性明显，且嗜铑性脂类物质主要集中在细胞壁上或细胞核周围。分泌腔成熟后，分泌细胞及腔内分泌物均具有强烈的嗜铑性，表明分泌细胞及分泌物中含有大量脂类物质。与周围皮层薄壁细胞相比，鞘细胞也含有较多的黑色嗜铑的脂类物质，但其脂类物质的含量小于分泌细胞及其内含物。

第八节　垂乳银杏形态学本质及系统学意义

银杏垂乳的发现已有一个多世纪的时间，但其相关研究却很少。相对于枝生和干生垂乳，根生垂乳的研究则更少。Fujii（1895）认为枝生垂乳是一种病变结构。Barlow and Kurczynska（2007）解剖发现枝生垂乳没有顶端分生组织，并认为其可能是一种根托（Bruchmann，1905；钟恒等，1997），一旦根托向下或向土壤伸展时，其表面可形成内生性起源的根（Webster et al.，1967））的原始形态。垂乳通过顶端生长达到伸长生长，但是它与顶端分生组织所驱使的器官生长不一样。这表明银杏垂乳是充分利用了维管形成层的一种"进化尝试（evolutionary experiment）"，这不仅是为了增粗生长，也是为了伸长生长。解剖表明，银杏垂乳是被顶端分生组织调控的另一种伸长生长的模式（Barlow and Kurczynska，2007）。"根托"这种现象在卷柏类植物中常见；根托这一术语已被应用于某些红树属的树种生茎的根中（Menezes，2006），在这样情况下，各个根托的伸长生长取决于顶端分生组织。虽然如此，垂乳也有可能是一个独特的器官，垂乳的伸长和加粗的方式是由于普通分生组织的边缘类型所致，取代了利用小的等径细胞，在边缘和顶端分生组织这是经常的情况，利用形成层纺锤状细胞的延长，达到垂乳的生长和顶端延长。所以垂乳可能是气生根或根托的原始形态，对该物种的生

长、发育及营养繁殖具有重要的生态学和系统学意义。气生垂乳是树干处悬挂着生的钟乳石状的树瘤状物，若生长至地面时，可以生根、发芽。

很长时间以来，在中国，银杏为什么能作为一个野生种而幸存，被认为是一个谜。其中原因之一是银杏不同于其他裸子植物它具有一种能力，它能从基生树瘤或木块茎发芽，并能沿着创伤的主干发芽（Del Tredici，1992）。木块茎能够通过3种方式使银杏得以幸存：①它们是产生和储存抑制芽的一个场所，能够从主干受伤处萌发；②它们是一个储存碳水化合物和矿质营养场所，这些碳水化合物和矿质营养能够供应这些抑制芽在重压和损伤的情况下迅速的生长；③对于生长在陡峭的山坡上的银杏，它们的功能是作为一个能够使植物抓住岩石的"抓手器官"（clasping organ）（Sealy JR，1949；Del Tredici，1997；Del Tredici等，1992）。

地中海沿岸的生态系统中"萌蘖繁殖型"（sprouter）木本植物能在火灾后生存下来，并从木质块茎上更新（Keeley，1986；Bond and Van Wilgen，1996；Verdaguer and Ojeda，2005）。该类植物通过木质块茎上存在的大量隐芽来应对顶端生长中的大量的后续干扰（James，1984；Kummerow，1989；Noble，2001；Whittock et al.，2003）。本研究证明，子叶芽潜伏在根生垂乳的基部，且根生垂乳顶端存在潜伏的不定芽。根生垂乳这种特点预示着其可能跟典型的地中海沿岸的生态系统中植物一样，能通过潜伏的子叶芽或不定芽进行更新。根生垂乳的顶端存在潜伏的不定芽，在一定条件下能萌发形成向上生长的萌条（邢世岩等，1996，1996b），该萌条继续生长形成复干（邢世岩，1996b；付兆军等，2013b），复干能最终形成新一代的母体（付兆军等，2013b）。银杏复干的形成与栓皮栎相似，均是母体的主干受到外界干扰的情况发生（Phillips，1912；Caritat Molinas and Oliva，1989）。银杏能够通过根生垂乳产生萌蘖，是一种克隆植物（Dong and De Kroon，1994；Hutching and De Kroon，1994；Stuefer，1997）。因此，银杏虽然以种子繁殖为主，但它可以被看做是"种子繁殖型"（seeder）和"萌蘖繁殖型"（sprouter）两种类型的结合，这也可能是其较强适应能力的原因。

克隆植物（clone plant）的克隆器官（如根状茎）具有相当大的储藏功能（Li，1998；Watson，2008；Dong et al.，2010，2010b）。Bamber and Mullette（1978）研究表明，桉树的木质块茎具有碳水化合物储存区域和养分聚集区域的作用。Kerr（1925）认识到木质块茎除了作为休眠芽储存的区域通常还被认为是一个营养储存的区域。无论是形态上，还是解剖特征上，银杏根生垂乳都与木质块茎十分相似，再者，根生垂乳的皮层、韧皮部及髓中都储存有大量的淀粉粒，因此作者认为银杏根生垂乳也是一种营养储存器官（Del Tredici，1997），这与Takami（1955）的观点一致。

早在1895年Fujii就发现，在垂乳生长过程中顶端部分遇到其他强壮坚硬的物体时，像树的枝或主干的一部分，它就会改变生长方向；当它穿过这些物体后它又会呈向下生长的趋势。在这些方面这种行为很明显与树木的根类似。基生垂乳或木块茎的营养繁殖是解释银杏种群能够长期生存在陡峭多岩的斜坡上的一个重要因素。天目山上167株银杏树种，40%的银杏存在至少2个枝干直径在10cm以上。天目山上侵蚀比较严重，可清晰看到从大的类根状茎（rhizome-like）的基生垂乳长出的复干。在大树基部与岩石接触的地方产生的基生垂乳能够包围岩石或缠绕其周围，并能延伸到离根基2m处。当延伸到松散土壤时，基生垂乳产生横向根系并产生有活力的垂直生长的嫩枝继续向下生长。Del Tredici（1993）认为垂乳形成的复干是完全处于童化阶段，生长量往往超过母干且无位置效应，而后者是起源于老龄分生组织枝条所表现的特征。基生垂乳可以看成是潜伏芽原基的正向地性的聚集现象，在受到强烈刺激的条件下，基生垂乳将再生新干和不定根。

本研究表明，根生垂乳是与根、茎均不同的特殊结构。据目前所知，根生垂乳的形态发生与落羽杉的膝状根（Romberger et al.，1993）、楝科和梧桐科的部分种的气生根相类似（Groom et al.，1925）。但不同的是，这些器官均向上生长且主要功能是气体交换，而根生垂乳的主要功能是支撑和产生枝叶、不定根进行营养繁殖。子叶芽愈伤组织中薄壁细胞显示出旺盛的分裂能力，表现出原始细胞的特征，且根生垂乳顶端的维管形成层与根或茎中的不完全相同，这就表明其形成层可能起源于一种"愈伤组织维管形成层"的类型（Montain et al.，1983；Altamura，1996）。

根生垂乳能产生大量的不定根，但其没有典型的根冠结构，表明其与根存在本质不同。由根生垂乳的特征看，其很可能也是根托的一种原始形态（即变态的茎），这与Barlow and Kurczynska（2007）的观点是一致的。

木本植物的木质块茎是否是一个原始的特征一直多有争议（Burbidge，1960；Karschon，1971）。银杏根生垂乳作为一个类似于木质块茎的器官，是否是一个原始的特征目前还未见相关研究。但就其目前所知的特征及功能来看，根生垂乳与银杏的系统发育密切相关，其形态学本质的探明对于丰富银杏的生物学特性和研

究银杏系统发育问题具有重要意义。

　　实际上，通过基生和根生垂乳繁殖后代，不仅使中国野生银杏长期保存，还在跨越地质年代不寻常地保存银杏物种方面做出贡献。标志性观点认为，银杏垂乳可以看做一株树在地球上存在时遭受数不尽灾难时表现出的不屈不挠的活力（indomitable vitality）。可见基生垂乳生物学与银杏的野生性有关。

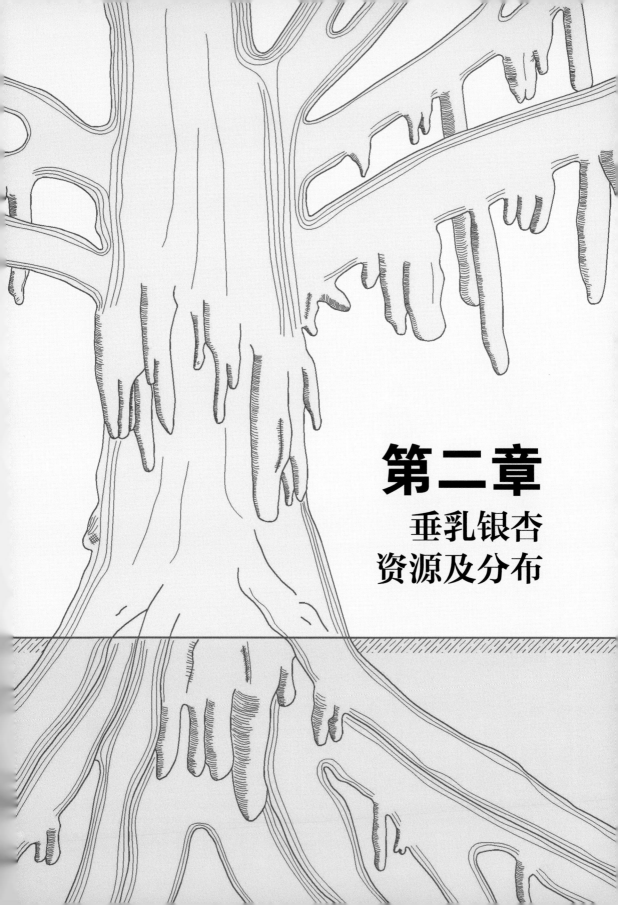

第二章

垂乳银杏
资源及分布

第一节　垂乳银杏分布

李正理等（1991）认为类钟乳石枝零星发生在中国许多地方，如广西、贵州、江苏、山东、四川和云南等省（自治区）。据我们最新调查资料表明，垂乳银杏在我国19个省（直辖市）均有分布（表2-1）。在中国，垂乳银杏有明显的地域特点，由南向北银杏垂乳的发生几率明显减少，尤其贵州和云南为垂乳银杏多发地区，此外四川青城山的天师洞、湖南桂阳县等地，由于气候温和，空气湿润，银杏树常有树奶发生。盘县特区乐民区乐民乡黄家营村的银杏树上长了许多"树奶"。长树奶的树比例之高、树奶数之多、树奶之粗、之长，是全国最典型的。在一株千年老树上，各大枝基部均长有树奶，树干几乎为树奶包围了一圈，最长的达2m。一株40年生的树干上也长了长约40cm的树奶（史继孔，1983）。Zhun Xiang等（2009）报道，贵州福泉市黄丝镇邦乐村李家湾银杏枝条和老的躯干上形成了过多的愈合组织，所以它呈现出不规则的外表。有巨型树乳，长超过1.5m，已申报吉尼斯大全。

表2-1　全国垂乳银杏株数统计表

省（直辖市）	市（县、市、区）	具体分布乡、镇及株数
安徽省（2株）	怀远县（2株）	荆芡乡（1株）；城关镇（1株）
北京市（1株）	门头沟区（1株）	斋堂镇（1株）
福建省（10株）	尤溪县（2株）	中仙乡（2株）
	武夷山市（3株）	吴屯乡（1株）；岚谷乡（1株）；星村镇（1株）
	顺昌县（4株）	大干镇（4株）
	上杭县（1株）	蛟洋乡（1株）
甘肃省（4株）	康县（3株）	王坝乡（3株）
	徽县（1株）	嘉陵镇（1株）

（续）

省（直辖市）	市（县、市、区）	具体分布乡、镇及株数
广东省（3株）	南雄市（2株）	坪田镇（1株）；澜河镇（1株）
	连山县（1株）	太保镇（1株）
贵州省（88株）	贵阳市花溪区（6株）	青岩乡（2株）；高坡乡（4株）
	贵阳市乌当区（1株）	羊昌镇（1株）
	贵阳市息烽县（1株）	
	盘县（44株）	乐民镇（3株）；石桥镇（41株）
	遵义县（1株）	平正乡（1株）
	正安县（4株）	谢坝乡（2株）；斑竹乡（1株）；流渡镇（1株）
	务川县（12株）	丰乐镇（1株）；镇南乡（1株）；都濡镇（2株）；浞水镇（2株）；蕉坝乡（1株）；泥高乡（1株）；红丝乡（2株）；黄都镇（2株）
	习水县（1株）	寨坝镇（1株）
	晋安县（1株）	罐子窑镇（1株）
	毕节市（1株）	小坝镇（1株）
	锦屏县（2株）	河口乡（1株）；平秋镇（1株）
	麻江县（6株）	坝芒乡（1株）；贤昌乡（2株）；景阳乡（3株）
	都匀市（1株）	摆忙乡（1株）
	福泉市（1株）	黄丝镇（1株）
	长顺县（2株）	广顺镇（2株）
	龙里县（3株）	谷龙乡（2株）；醒狮镇（1株）
	惠水县（1株）	摆金乡（1株）
河南省（9株）	嵩县（2株）	白河乡（2株）
	宜阳县（1株）	锦屏镇（1株）
	卫辉市（1株）	狮豹头乡（1株）

（续）

省（直辖市）	市（县、市、区）	具体分布乡、镇及株数
河南省（9株）	方城县（1株）	四里店乡（1株）
	新县（3株）	卡房乡（1株）；千斤乡（2株）
	确山县（1株）	山里河乡（1株）
湖北省（19株）	武汉市江夏区（2株）	
	竹山县（1株）	楼台乡（1株）
	襄阳市樊城区（1株）	太平店镇（1株）
	南漳县（3株）	薛坪镇（3株）
	枣阳市（1株）	太平镇（1株）
	安陆市（1株）	王义贞镇（1株）
	恩施市（2株）	屯堡乡（1株）；芭蕉侗族乡（1株）
	利川市（1株）	忠路镇（1株）
	宣恩县（2株）	珠山镇（2株）
	巴东县（4株）	清太坪镇（2株）；野三关镇（2株）
	随州市曾都区（1株）	洛阳镇（1株）
湖南省（7株）	新邵县（1株）	龙溪铺镇（1株）
	桂阳县（1株）	荷叶镇（1株）
	会同县（1株）	炮团侗族苗族乡（1株）
	新化县（1株）	田坪镇（1株）
	凤凰县（2株）	茶田镇（2株）
	洞口县（1株）	罗溪瑶族乡（1株）
江苏省（16株）	南京市浦口区（2株）	汤泉镇（2株）
	南京市六合区（1株）	
	无锡市滨湖区（2株）	马山镇（2株）

（续）

省（直辖市）	市（县、市、区）	具体分布乡、镇及株数
江苏省（16株）	宜兴市（1株）	周铁镇（1株）
	苏州市沧浪区（1株）	
	苏州市平江区（2株）	
	苏州市金阊区（1株）	
	南通市通州区（1株）	骑岸镇（1株）
	南通市崇川区（2株）	
	南通市港闸区（1株）	幸福乡（1株）
	连云港市连云港区（1株）	宿城镇（1株）
	广陵区（1株）	
江西省（6株）	九江市庐山区（1株）	
	遂川县（4株）	巾石乡（4株）
	婺源县（1株）	段莘乡（1株）
山东省（22株）	胶州市（2株）	胶东镇（2株）
	沂源县（5株）	东里镇（1株）；中庄镇（3株）；石桥镇（1株）
	枣庄市峄城区（2株）	古邵镇（1株）；峨山镇（1株）
	枣庄市市中区（1株）	西王庄乡（1株）
	枣庄市山亭区（2株）	水泉乡（1株）
	枣庄市台儿庄区（1株）	张山子镇（1株）
	栖霞市（2株）	桃村镇（2株）
	高密市（1株）	井沟镇（1株）
	荣成市（4株）	崖西镇（2株）；宁津街道（1株）；夏庄镇（1株）
	莒县（1株）	浮来山镇（1株）
	日照市东港区（1株）	西湖镇（1株）

（续）

省（直辖市）	市（县、市、区）	具体分布乡、镇及株数
陕西省（3株）	西安市长安区（2株）	王庄乡（1株）
	白河县（1株）	构扒乡（1株）
四川省（45株）	成都市金牛区（2株）	
	都江堰市（15株）	青城山镇（4株）；玉堂镇（1株）；聚远镇（1株）；石羊镇（1株）；街柳镇（2株）；浦阳镇（1株）
	崇州市（6株）	三郎镇（1株）；街子古镇（5株）
	邛崃市（7株）	高何镇（4株）；南宝乡（1株）；油榨乡（1株）；银杏乡（1株）
	叙永县（1株）	观音乡（1株）
	罗江县（1株）	白马关镇（1株）
	江油市（1株）	中坝镇（1株）
	威远县（1株）	新场镇（1株）
	长宁县（1株）	桃坪乡（1株）
	万源市（2株）	灌坝乡（2株）
	雅安市（3株）	雨城区（3株）
	名山区（4株）	
	泸定县（1株）	冷碛镇（1株）
浙江省（4株）	富阳市（1株）	受降镇（1株）
	舟山市（1株）	
	诸暨市（2株）	五泄镇（1株）；青山乡（1株）
重庆市（23株）	黔江区（2株）	金溪镇（1株）；太极乡（1株）
	南川区（4株）	三泉镇（1株）；水江镇（1株）；庆元乡（2株）
	彭水县（1株）	桑柘镇（1株）
	石柱县（11株）	龙沙镇（1株）；中益乡（3株）；金铃乡（5株）；洗新乡（2株）

（续）

省（直辖市）	市（县、市、区）	具体分布乡、镇及株数	
重庆市（23株）	江津区（1株）	柏林镇（1株）	
	秀山县（1株）	钟灵乡（1株）	
	酉阳县（1株）	苍岭镇（1株）	
	武隆县（2株）	接龙乡（2株）	
云南省（80株）	腾冲县（80株）	界头乡（13株）；固东镇（67株）	
山西省（5株）	泽州县（3株）	南村镇（1株）；铺头乡（2株）	
	芮城县（1株）	大王镇（1株）	
	曲沃县（1株）	下裴庄乡（1株）	
河北省（1株）	三河市（1株）	埝头乡（1株）	

据作者最新统计全国共有垂乳银杏348株，共计19个省（直辖市），其中贵州88株、云南80株、四川45株、重庆23株、山东22株、湖北19株、江苏16株、福建10株，8省（直辖市）合计303株，占全国垂乳银杏的87.07%（图2-1、图2-2）。垂乳银杏主要集中分布在贵州省、四川省、云南省和重庆市，共计236株，占67.82%。

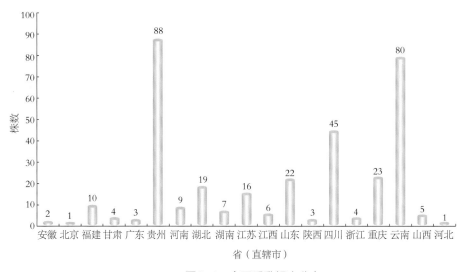

图2-1　全国垂乳银杏分布

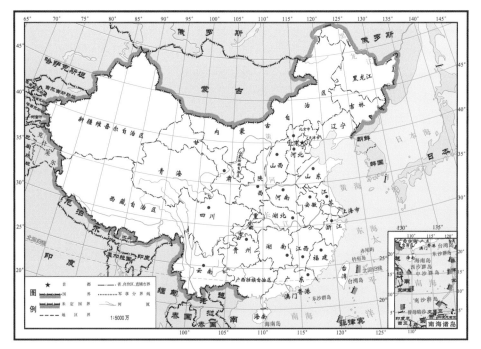

图2-2　全国垂乳银杏分布图

注：标红点为有垂乳银杏省（直辖市）

第二节　垂乳银杏资源

据作者最新统计全国19个省（直辖市）共有垂乳银杏348株。每株垂乳银杏的主要形态、生长、传说及文化信息，详见作者2013年出版的《中国银杏种质资源》。本书仅展示中国垂乳银杏名录（表2-2）及主要垂乳银杏单株（图2-3～图2-38）。

表2-2　中国垂乳银杏名录（2013）

生长地点	性别	年龄（年）	胸径（m）	树高（m）	冠幅（m）	垂乳数（个）	最大垂乳长（cm）	最小垂乳长（cm）	海拔（m）	页码
安徽省怀远县荆芡乡涂山纯阳道院1	雌	1000	0.73	17	12.0×12.0	30余	41		344	608
安徽省怀远县城关镇怀远一中D	雌	200	0.68	28	14.5×14.5	1			35	610
北京市门头沟区斋堂镇灵水村灵泉寺遗址b	雄	300	0.60	16	10.0×8.5	1	120			807
福建省尤溪县中仙乡龙门场4	雌	500	1.02	30	19.0×8.0	3	25		451	585
福建省尤溪县中仙乡龙门场5	雄	500	1.19	31	19.5×9.0	3			451	586
福建省武夷山市吴屯乡瑞岩寺	雌	1100	1.89	28	11.5×12.3	16	50		338	598
福建省武夷山市岚谷乡黎口村	雌	1300	1.65	21	8.5×7.4				420	599
福建省武夷山市星村镇桐木村庙湾	雄	750	1.10	20	18.0×17.0	5			836	599
福建省顺昌县大干镇宝山上湖村A	雌	1000	1.28	18	11.5×12.0	2	20		786	600
福建省顺昌县大干镇宝山上湖村C	雌		1.29	17	10.0×12.0	2			775	600
福建省顺昌县大干镇宝山上湖村高老庄后院H	雌		1.09	19	11.8×11.2	较多			789	601
福建省顺昌县大干镇宝山上湖村高老庄后院I	雌	1000	1.46	23.5	12.0×13.5	29	85			601
福建省上杭县蛟洋乡华家村岡A	雌	1000	2.36	35.6	25.2×18.0	1	60		700	603
甘肃省康县王坝乡王家坝村朱家坝社朱家庄社良种场（也叫疆凉寺）	雄	1000	2.69	36.5	17.1×11.5	3				732
甘肃省康县王坝乡王家坝村	雄	2000	1.47	26.4	15.0×15.6	13				732
甘肃省康县王坝乡勾家庄村安家雄社	雄	1750	2.10	36.1	25.1×35.5	5				733
甘肃省徽县嘉陵镇老深沟村宏龙寺A	雄		2.23	16.5	15.0×15.6	1				740
广东省南雄市坪田镇泾洞区竗背村A	雄	1100	1.12	28	19.6×20.4	1	0.74		360	514
广东省南雄市澜河镇上矿管理区山背村朱祖龙家	雌	800	0.38	30	20.0×22.0				815	515

（续）

生长地点	性别	年龄（年）	胸径（m）	树高（m）	冠幅（m）	垂乳数（个）	最大垂乳长（cm）	最小垂乳长（cm）	海拔（m）	灵码
广东省连山县太保镇莲塘村c	雌	200	0.52	17	9.0×8.0					520
贵州省贵阳市花溪区青岩乡新楼村a	雌	500	1.53	20	15.0×20.0	少量			1180	525
贵州省贵阳市花溪区青岩乡新楼村b	雄	500	0.8	25	15.0×12.0	6	10		1180	525
贵州省贵阳市花溪区高坡乡杉坪村上平寨27号树	雄	400	1.9	23		少许				526
贵州省贵阳市花溪区高坡乡大洪村小长寨a	雄	400	1.94	32	25.0×22.0	大量			1477	526
贵州省贵阳市花溪区高坡乡大洪村小长寨b	雌	400	1.77	30	15.0×15.0	大量			1107	527
贵州省贵阳市花溪区高坡乡高坡村簑须寨	雌	350	1.3	30	25.0×22.0	30余			1463	528
贵州省贵阳市乌当区羊昌镇黄连村枇杷寨	雌	1000	2.52	25	35.0×30.0		50		1107	530
贵州省贵阳市息烽县阳朗小学（三教寺）	雄	500	2.54	35	27.0×22.0	7	20		1093	530
贵州省盘县乐民镇乐民村1.2组	雌	1000	2.71	22	25.0×30.0	10余			1518	531
贵州省盘县乐民镇乐民村a	雌	1000	1.8	18	21.0×21.0	85	50		1518	531
贵州省盘县乐民镇乐民村蔡家营寨	雌		3.4（基径）	40	23.0×23.0					531
贵州省盘县石桥镇妥乐村1号树	雌	450	2.50（基径）	16	14.0×14.0				1639	532
贵州省盘县石桥镇妥乐村（2）5号树	雄	200	1.2	15	30.0×30.0				1639	532
贵州省盘县石桥镇妥乐村10号树	雌	450	1.50（基径）	14	12.0×12.0					532
贵州省盘县石桥镇妥乐村11号树	雌	450	2.00（基径）	15	12.0×12.0					532
贵州省盘县石桥镇妥乐村12号树	雌	450	2.00（基径）	15	15.0×15.0					532
贵州省盘县石桥镇妥乐村（3）15号树	雌	300	0.8	15	25.0×15.0				1645	532
贵州省盘县石桥镇妥乐村（4）17号树	雄	300	0.9	25	30.0×25.0				1615	532
贵州省盘县石桥镇妥乐村23号树	雌	450	1.20（基径）	14	13.0×13.0					533

（续）

生长地点	性别	年龄（年）	胸径（m）	树高（m）	冠幅（m）	垂乳数（个）	最大垂乳长（cm）	最小垂乳长（cm）	海拔（m）	页码
贵州省盘县石桥镇妥乐村27号树	雌	450	1.00（基径）	13	11.0×11.0					533
贵州省盘县石桥镇妥乐村31号树	雌	450	1.00（基径）	13	12.0×12.0					534
贵州省盘县石桥镇妥乐村32号树	雌	450	1.50（基径）	15	15.0×15.0					534
贵州省盘县石桥镇妥乐村（6）34号树	雌	200	1.00	15	10.0×15.0				1622	534
贵州省盘县石桥镇妥乐村42号树	雌	450	1.00（基径）	10	10.0×10.0					534
贵州省盘县石桥镇妥乐村47号树	雌	450	2.00（基径）	15	20.0×20.0					534
贵州省盘县石桥镇妥乐村83号树	雌	450	1.40（基径）	17	15.0×15.0					535
贵州省盘县石桥镇妥乐村94号树	雌	450	1.80（基径）	15	15.0×15.0					535
贵州省盘县石桥镇妥乐村116号树	雌	450	2.00（基径）	15	15.0×15.0					535
贵州省盘县石桥镇妥乐村117号树	雌	450	1.00（基径）	14	12.0×12.0					535
贵州省盘县石桥镇妥乐村119号树	雌	450	1.60（基径）	13	13.0×13.0					535
贵州省盘县石桥镇妥乐村122号树	雌	450	1.80（基径）	18	15.0×15.0					535
贵州省盘县石桥镇妥乐村123号树	雌	450	1.80（基径）	18	15.0×15.0					535
贵州省盘县石桥镇妥乐村129号树	雌	450	2.20（基径）	18	15.0×15.0					535
贵州省盘县石桥镇妥乐村136号树	雌	450	2.00（基径）	18	15.0×15.0					535
贵州省盘县石桥镇妥乐村140号树	雌	450	1.50（基径）	13	10.0×10.0					536
贵州省盘县石桥镇妥乐村142号树	雌	450	1.80（基径）	14	10.0×10.0					536
贵州省盘县石桥镇妥乐村（8）153号树	雌	200	0.80	15	10.0×8.0				1619	536
贵州省盘县石桥镇妥乐村156号树	雌	450	1.20（基径）	20	15.0×15.0					536
贵州省盘县石桥镇妥乐村158号树	雌	450	1.80（基径）	18	15.0×14.0					536
贵州省盘县石桥镇妥乐村161号树	雌	450	1.00	22	12.0×12.0					536

（续）

生长地点	性别	年龄（年）	胸径（m）	树高（m）	冠幅（m）	垂乳数（个）	最大垂乳长（cm）	最小垂乳长（cm）	海拔（m）	页码
贵州省盘县石桥镇妥乐村163号树	雄	450	1.2	20	12.0×12.0					536
贵州省盘县石桥镇妥乐村169号树	雌	450	1.10（基径）	20	13.0×13.0					536
贵州省盘县石桥镇妥乐村175号树	雄	450	1.00（基径）	24	12.0×13.0					537
贵州省盘县石桥镇妥乐村181号树	雄	450	1.00	24	12.0×12.0					537
贵州省盘县石桥镇妥乐村196号树	雌	450	1.50（基径）	10	10.0×10.0					537
贵州省盘县石桥镇妥乐村207号树	雌	450	1.40（基径）	22	12.0×12.0					537
贵州省盘县石桥镇妥乐村211号树	雄	450	1.10	26	14.0×14.0					537
贵州省盘县石桥镇妥乐村212号树	雄	450	1.80（基径）	22	15.0×15.0					537
贵州省盘县石桥镇妥乐村216号树	雄	450	1.50（基径）	25	14.0×14.0					537
贵州省盘县石桥镇妥乐村（1）219号树	雌	1000	2.8	15	10.0×10.0				1628	537
贵州省盘县石桥镇妥乐村222号树	雌	450	1.40（基径）	15	10.0×10.0					537
贵州省盘县石桥镇妥乐村225号树	雌	450	1.40（基径）	13	10.0×10.0					537
贵州省遵义县平正乡		1200	1.5	23.6	22.0×18.0		100	20		538
贵州省正安县谢坝乡上官村红光组4	雌	500	1.43	25	15.0×18.0	3	5		947	539
贵州省正安县谢坝乡东礼村泉东组	雄	500	1.72	30	23.0×20.0	30	300		913	539
贵州省正安县斑竹乡公路边坡林带	雄	100	0.72	30	15.8×14.3	1	5		1000.4	539
贵州省正安县流渡镇新桥村卢家坪组	雌	200	1.91	30	16.0×20.0	10	30		947	540
贵州省务川县丰乐镇山江村大竹园	雄	350	1.84	30	15.0×10.0	7	50		853	541
贵州省务川县镇南乡新村岩坪组a	雄	500	1.21	40	10.0×8.0	1	10		754	543
贵州省务川县都濡镇三桥村柏杨园1	雄	300	0.84	30	16.0×20.0	10	16		818	544
贵州省务川县都濡镇三桥村柏杨园	雄	300	0.84	20	11.0×12.0	3	10		818	544

（续）

生长地点	性别	年龄（年）	胸径（m）	树高（m）	冠幅（m）	垂乳数（个）	最大垂乳长（cm）	最小垂乳长（cm）	海拔（m）	页码
贵州省务川县泥水镇复兴村小桥	雌	1000	1.02	38	25.0×18.0	2	15	8	833	545
贵州省务川县泥水镇清溪青冈坡	雄	300	2.15	22	20.0×18.0	7	15		1017	545
贵州省务川县蕉坝乡蕉坝村蕉坝1	雄	300	1.91	30	20.0×25.0	18	12		833	548
贵州省务川县泥高乡蕉江村三丘田组	雄	800	1.13（基）	30	25.0×23.0	1	20		818	549
贵州省务川县红丝乡先进村十二盘大坪组	雌	400	1.2	27	15.0×20.0	12			821	550
贵州省务川县红丝乡上坝村上坝组	雄	300	0.77	30	25.0×20.0				777	551
贵州省务川县黄都镇雁龙村黄腊池组1	雄	150	1.18	32	25.0×20.0	大量	50		1020	552
贵州省务川县黄都镇黄都村白床村庄2	雌	450	1.02	27	13.0×12.0	8	7		851	552
贵州省习水县寨坝镇		1000	1.02	18						559
贵州省普安县罐子窑镇松坪村岩脚组	雌	1000	3	30	18.0×17.0				1300	560
贵州省毕节市小坝镇王家坝村弯戈岩	雌	1700	2.68	15	31.0×34.0	10余	100		1585	561
贵州省锦屏县河口乡文斗苗寨	雌	1000	2.13	15	10.0×8.0	2	40		617	563
贵州省锦屏县平秋镇平翁村	雌	1000	2.17	30	10.0×15.0	1	20		718	564
贵州省麻江县坝街乡芒村竹壕院组	雌	400	2.5	28						565
贵州省麻江县贤昌乡高枧村	雄	500	2	28	26.0×25.0	4	40		883	566
贵州省麻江县贤昌乡高枧村	雌	2000	2.5	30					883	566
贵州省麻江县景阳乡谷顶召B号树	雌	400	2.3	23						566
贵州省麻江县景阳乡谷顶召D号树	雌	400	1.6	23						566
贵州省都匀市景阳乡茅草村坳口寨		1000	1.2	22						567
贵州省都匀市摆忙乡摆忙村向阳组a	雌	1000	3.73	35	35.0×30.0	大量	200		1350	568
贵州省福泉市黄丝镇邦乐村李家湾	雄	3000	4.79	35	25.0×24.0	4	100		978	569

（续）

生长地点	性别	年龄（年）	胸径（m）	树高（m）	冠幅（m）	垂乳数（个）	最大垂乳 长（cm）	最小垂乳 长（cm）	海拔（m）	页码
贵州省长顺县广顺镇石板村天台村民组1	雌	4000	2.50	35	25.0×15.0	大量			1405	572
贵州省长顺县广顺镇石板村天台村民组（东侧）	雄	150	1.80（基）	15		大量			1405	572
贵州省龙里县谷龙乡下白果寨a	雄	1000	1.80	30	25.0×25.0				1311	573
贵州省龙里县谷龙乡上白果寨b	雌	1000	3.30	30	30.0×30.0	60余	50		1336	574
贵州省龙里县醒狮镇三宝村平寨	雄	1000	3.69	30	25.0×20.0				1347	574
贵州省惠水县摆金乡摆金村冗章寨1	雌	4000	3.74	30	10.0×18.0	4	100	30	1130	575
河南省嵩县白河乡马路魁村白果树组	雌	2350	2.90	37	24.0×28.0	20余	12		507	473
河南省嵩县白河乡下寺村下寺组（2）	雌	1400	1.27	19	12.0×11.0	6			579	478
河南省宜阳县锦屏镇灵山村灵山风景区灵山寺大悲阁	雌	1300	1.38	26	20.0×20.0	大量	20			485
河南省卫辉市狮豹头乡罗圈村		1200	1.72	20.1	23.0×23.0	4	100		630	488
河南省方城县四里店乡达店村口	雌	1000	2.23	21	17.0×18.0					492
河南省新县卡房乡胡河村	雌	800	0.76	16	12.0×19.5	2	15			503
河南省新县千斤乡杨山村（9）	雌	800	0.58	15	11.0×13.0	7	18			505
河南省新县千斤乡杨山村（10）	雌	550	0.64	15	12.0×14.0	2	8			505
河南省确山县三里河乡马庄村乐山林场北泉寺b	雌	1400	2.29	26	20.0×18.0	10	50			509
湖北省武汉市江夏区金口街道205部队驻地	雄	1000	1.94	19.8	15.1×14.9					234
湖北省武汉市江夏区金口街道205部队驻地	雄	1000	1.53	19.5	13.4×14.9					234
湖北省竹山县楼台乡杏树沟村杏树沟	雌	550	1.15	18	12.5×17.0	2	5		984	235
湖北省襄阳市樊城区太平店镇王合村	雌	1960	2.23	26	25.5×23.2	7			72	238

（续）

生长地点	性别	年龄（年）	胸径（m）	树高（m）	冠幅（m）	垂乳数（个）	最大垂乳长（cm）	最小垂乳长（cm）	海拔（m）	页码
湖北省南漳县薛坪镇杜冲村1组b	雌	1300	1.88	16	12.0×14.0	2	20		741	239
湖北省南漳县薛坪镇杜冲村1组c	雄	600	1	15	13.0×10.0	13	20		741	240
湖北省南漳县薛坪镇杜冲村1组d	雌	700	1.2	16	14.0×10.0	8	8		741	240
湖北省枣阳市太平镇崑河村小学	雌	1100	2.2	24	13.0×15.0	9	60		146	240
湖北省安陆市王义贞镇仁合村7组周家祠堂边	雌	3000	2.42	37.8	24.0×22.0					245
湖北省恩施市屯堡乡车坝村白果树组	雌	1000	1.82	32.5	14.3×16.0	7	30			250
湖北省恩施市芭蕉侗族乡白果树村	雌	1000	1.46	21	17.0×16.0	8				250
湖北省利川市忠路镇老屋基村	雌	2000	2.9	23	14.0×15.5	3	80			251
湖北省宣恩县珠山镇茅坝塘村6组	雌	3000	5.25（基）	35	19.2×18.4	84	30		1178	251
湖北省宣恩县珠山镇茅坝塘村6组	雄	1000	1.18	30	14.0×15.0	70	45		1180	251
湖北省巴东县清太坪镇桥河村7组b	雄	600	1	18	8.0×7.0	3	10		807	254
湖北省巴东县清太坪镇白沙坪村3组	雌	2500	1.12	25	19.8×18.0	13	16		1047	255
湖北省巴东县野三关镇支井河村3组	雌	2420	3.39	25	13.5×14.5	2	15	14	980	257
湖北省巴东县野三关镇平坦村7组	雌	1000	2.52	29	14.0×13.0	10	60		1130	256
湖北省随州市曾都区洛阳镇胡家河村1组（12）	雌	1000	1.04	17	8.0×7.0	4	5		174	260
湖南省新邵县龙溪铺镇老街南街B	雌	500	1.71	28.6	8.5×7.5	4	23		426	718
湖南省桂阳县荷叶镇高山何家村	雌	500	1.32	18	8.0×9.5	1	67		522	721
湖南省会同县炮团侗族苗族乡半坡塘村	雌	3000	4.13	25	23.0×24.5	28	280		1041	723
湖南省新化县田坪镇杨柳村		300	0.89	21	16.0×18.0	2	50			724
湖南省凤凰县茶田镇都首村石柱寨	雄	1000	2.48	50	29.0×26.5	30多	106		554	724
湖南省凤凰县茶田镇都首村石柱寨B1株	雄	100	0.84	25	13.0×12.0	多个	25			724

中国垂乳银杏
Chichi Ginkgo in China

（续）

生长地点	性别	年龄（年）	胸径（m）	树高（m）	冠幅（m）	垂乳数（个）	最大垂乳（cm）长	最小垂乳（cm）长	海拔（m）	页码*
湖南省洞口县罗溪瑶族乡宝瑶村宝瑶组	雄	3500	3.2	52						719
江苏省南京市浦口区汤泉镇龙泉路8号惠济寺a	雌	1300	2.42	20.2	19.0×15.0	7	218			272
江苏省南京市浦口区汤泉镇龙泉路8号惠济寺b	雌	1300	2.23	24.7	15.0×11.0	2	50			272
江苏省南京市六合区长芦街道长芦中学校园内	雌	580	1.21	22	16.0×14.0	25	15			273
江苏省无锡市滨湖区马山镇桃坞村	雄	820	2.1	26	16.0×14.0	1	70			275
江苏省无锡市滨湖区马山镇群丰村村祥符禅寺	雌	1400	2	27						275
江苏省宜兴市周铁镇小街城隍庙	雌	1800	1.89	19	12.0×9.0	26	15		13	276
江苏省苏州市沧浪区人民路613文庙近门一侧	雄	638	0.55	12	10.0×12.0	1			7	284
江苏省苏州市姑苏区怡园（面壁亭亭西）	雄	280	1.05	20	12.0×13.0	2			-8	287
江苏省苏州市姑苏区怡园（小沧浪南）	雄	110	0.22	7	6.0×4.0				8	287
江苏省苏州市姑苏区留园（中部可亭东）	雄	210	0.86	10	15.0×10.0				-13	287
江苏省南通市通州区骑岸镇渡海亭村王金权家	雄	500	1.41	25	11.0×11.0					301
江苏省南通市崇川区人民中路文庙（群艺馆东南）	雄	600	1.29	16	12.0×10.0					303
江苏省南通市崇川区公安交警巡逻大队原祭祀坛	雌	500	1.02	15.5	7.9×6.5	6	85		1	305
江苏省南通市港闸区幸福乡祖望村无量殿	雌	409	1.12	21.5	12.0×12.0					310
江苏省连云港市连云区宿城街道悟道庵国家森林公园保护区三教寺（西）	雌	1000	1.62	24	18.0×18.2	57				311
江苏省广陵区中心街文昌中路西边路北	雄	100	0.97	25.6	15.5×18.6	1	30			313
江西省九江市庐山区黄龙寺A	雌	1600	1.74	30	12.0×10.0	1	60			775

（续）

生长地点	性别	年龄（年）	胸径（m）	树高（m）	冠幅（m）	垂乳数（个）	最大垂乳 长（cm）	最小垂乳 长（cm）	海拔（m）	页码
江苏省遂川县巾石乡兴安村1	雌雄同株	500	1.32（左）0.64（右）	28	15.0×16.5	2	10	7	315	784
江苏省遂川县巾石乡兴安村2	雌	500	1.4	30	18.0×19.5	5			326	785
江苏省遂川县巾石乡巾石村8	雌	1400	1.6	17	10.0×12.0	5	15		306	786
江苏省遂川县巾石乡巾石村9	雌	1000	1.85	28	22.0×23.0	10	15		317	786
江苏省婺源县段莘乡庆源村溪边	雌	1200	2	28	26.0×15.0	10余	50		302	792
山东省胶州市胶东镇大店村小学原太平寺遗址（东）	雌	1300	1.59	18.6	27.0×23.6	8	13		31	349
山东省胶州市胶东镇大店村小学原太平寺遗址（西）	雌	1300	1.69	17.7	10.0×17.0	4	10		31	349
山东省沂源县东里镇唐山寺进门西侧院内（属于毫山林场唐山林区）	雌	2000	1.75	22.5	22.5×21.2	2			22.5	353
山东省沂源县中庄镇盖冶小学	雄	800	1.37	16	16.0×17.0	6	10			354
山东省沂源县中庄镇中庄村河边	雌	1300	2.14	15	20.0×22.0	1				354
山东省沂源县石桥镇后上泉村大泉村	雌	1000	1.42	27	21.0×23.5	9			18	355
山东省枣庄市峄城区古邵镇小坊上路南	雌	1200	1.39	17	23.0×26.2				34	357
山东省枣庄市峄城区峨山镇东任庄村	雌	1800	1.11	16.5	17.3×24.0		10		44	358
山东省枣庄市市中区西王庄乡村刘跨河西（付家祠堂）a	雌	2000	1.40	27	13.0×30.0	2	20	8	58	358
山东省枣庄市山亭区抱犊崮三清观三清殿正门前	雄	800	1.40	34	28.0×21.0				300	360

（续）

生长地点	性别	年龄（年）	胸径（m）	树高（m）	冠幅（m）	垂乳数（个）	最大垂乳长（cm）	最小垂乳长（cm）	海拔（m）	页码
山东省枣庄市山亭区水泉乡化石岭村龙泉寺内	雌	600	1.34	18	17.5×21.0				296	360
山东省枣庄市台儿庄区张山子镇塘庄村西农田内	雌	1300	0.89	19	19.0×21.2	7				361
山东省栖霞市桃村镇宅头村	雌	220	1.35	21.5	26.6×22.5	4	15		193	379
山东省栖霞市桃村镇荆子埠村	雌	800	2.15	22.5	34.0×35.0				49	379
山东省高密市井沟镇德胜屯村	雌	500	1.1	10	12.0×10.0	3	20			389
山东省荣成市崖西镇院东村	雌	300	0.71	15	22.0×18.0	1			78	404
山东省荣成市崖西镇山河吕家村村委	雌	500	1.72	25	31.0×29.0	15	20		60	405
山东省荣成市宁津街道鞠家村	雌	500	1.36	16	32.0×29.5	5	55	15	67	406
山东省荣成市夏庄镇医院旁	雌	650	1.5	14	17.0×15.0	2	15		75	407
山东省莒县浮来山镇浮来山定林寺内	雌	3300	4.17	27.5	33.0×27.5	12	40		214	408
山东省日照市东港区西湖镇大花崖村	雌	1000	2.37	27	37.5×35.5	10余	50		60	414
陕西省西安市长安区王莽乡天子峪口村百塔寺南殿院	雌	1500	3.31	22	28.7×28.2	1	250		594	832
陕西省西安市长安区东大街办观音堂村终南山观音禅寺	雌	1400	2.6	29	27.0×20.0	1	100		484	832
陕西省白河县构扒乡平村山顶上	雌	2000	3.5	46.7	27.6×27.6	6	280		557	838
四川省成都市金牛区金科中路大同顺鑫商贸有限公司（土桥尹公祠旧址）	雌	1000	1.42	12	12.0×13.0				497	634
四川省成都市金牛区西华大道608号（1号树）	雌		1.02	23	10.0×10.0	4			503	634
四川省都江堰市老市委（1号树）	雄		1.02	23	11.0×12.0				723	637
四川省都江堰市老市委（2号树）	雌	100	0.66	22	22.0×20.0	2			742	637

（续）

生长地点	性别	年龄（年）	胸径（m）	树高（m）	冠幅（m）	垂乳数（个）	最大垂乳长（cm）	最小垂乳长（cm）	海拔（m）	页码
四川省都江堰市青城山镇青城山天师洞洞殿前银杏阁一侧（1号树）	雄	1900	2.48	22	20.0×20.0	数百个	300	10	793	637
四川省都江堰市青城山镇天师洞洞右上西边（2号树）	雌	600	0.68	22	12.0×11.0	10	20	2	793	639
四川省都江堰市青城山镇天师洞洞右上西边（4号树）	雌	500	0.55	20	12.0×10.0	7			793	639
四川省都江堰市青城山镇天师洞（6号树）		100	0.40	22	12.0×4.0	7			793	639
四川省都江堰市玉堂镇龙凤村财神山财神主庙（1号树）	雄	1000	1.46	36	15.0×16.0	1	10		1027	640
四川省都江堰市288号四川农大都江堰分校3	雌	100	0.64	20	8.0×8.0	2	12	6		643
四川省都江堰市288号四川农大都江堰分校4	雄	100	0.64	20	12.0×12.0	3				643
四川省都江堰市288号四川农大都江堰分校5	雄	100	0.65	20	14.0×14.0	11	30	3		643
四川省都江堰市聚源镇导江村3社（1号树）	雄	1100	2.8	23	20.0×18.0	1	10		641	643
四川省都江堰市石羊镇马祖村3组	雄	1000	1.8	24	18.5×20.0	1	25		675	644
四川省都江堰市柳街镇安龙村1组银杏园艺术公司（3号树）	雄	1000	0.7	11					609	645
四川省都江堰市柳街镇安龙村1组银杏园艺术公司（6号树）	雄		0.2	9		6	20	10	609	646
四川省都江堰市浦阳镇银杏村8组白果岗	雌	2100	1.46	27	18.8×16.6	100			1034	646
四川省崇州市三郎镇天国村天宫庙（1号树）	雄	1000	1.15	30	13.0×14.0	1	15		625	647
四川省崇州市街子古镇银杏广场（1号树）	雄	1000	1.40	17	8.0×12.0	7	10	5	607	647
四川省崇州市街子古镇银杏广场（2号树）	雌	1000	1.43	20	6.0×9.0				607	647

（续）

生长地点	性别	年龄（年）	胸径（m）	树高（m）	冠幅（m）	垂乳数（个）	最大垂乳长（cm）	最小垂乳长（cm）	海拔（m）	页码
四川省崇州市街子古镇银杏广场（3号树）	雌	1000	1.11	20	6.0×8.0				607	648
四川省崇州市街子古镇银杏广场（4号树）	雌	1000	1.14	20	5.0×10.0				607	648
四川省崇州市街子古镇银杏广场（5号树）	雌	1000	1.46	20	6.0×10.0				607	648
四川省邛崃市高何镇王家村11社	雄	1000	2.39	30	27.0×20.6	4			670	651
四川省邛崃市高何镇王家村1组a	雄		1.13	22	12.0×13.0				670	652
四川省邛崃市高何镇王家村1组b	雄		1.4	20	18.0×16.0	6	10	3	670	652
四川省邛崃市高何镇靖口村11社	雌	220	1.02	30	18.5×17.2	9	15	3		653
四川省邛崃市南宝乡秋园村2组（3号树）	雌		1.19	19	20.0×20.0	14	20	3	1144	654
四川省邛崃市油榨乡天池村白家山	雌		1.56	22	28.0×30.0	60	25	2	826	655
四川省邛崃市银杏乡杏坪兴福寺	雄	1000	3.06	10	8.0×4.0	10				655
四川省叙永县观兴乡普兴村一组山顶上	雌	2400	4.80	16	25.0×24.0	51	33	2	1420	656
四川省罗江县白马关镇万佛寺（罗莫寺/观）（1号树）	雌	1000	3.50	20	20.0×22.4	17			719	661
四川省江油市中坝镇胜利路口太白纪念馆	雌		0.75	26	12.0×12.0	16	25	15		663
四川省越西县新场镇胜利村21社（原红果小学）	雌	300	1.37	30	15.6×14.3	10				664
四川省长宁县桃坪乡联盟村3社大竹林	雌	200	1.29	20	13.7×13.7	80	15	3		665
四川省万源市灌坝乡二郎坪村三社	雌	250	1.02	30	10.0×14.0					666
四川省万源市灌坝乡二郎坪村	雌	300	0.85	25	10.0×11.0					666
四川省雅安市雨城区孔坪乡6村1社	雌	1000	2.87	30	18.7×16.6	4				667
四川省雅安市雨城区对岩镇陇阳村4组	雄	3000	2.23	22	20.0×20.0	28	20	3		668

（续）

生长地点	性别	年龄(年)	胸径(m)	树高(m)	冠幅(m)	垂乳数(个)	最大垂乳 长(cm)	最小垂乳 长(cm)	海拔(m)	页码
四川省雅安市雨城区严桥镇大里村全心组黑龙庙	雄	1000	1.8	28	17.4×27.0					668
四川省名山县蒙山山顶天盖寺（1号树）	雌	1000	1.42	21	24.0×27.0	2			1413	669
四川省名山县蒙山山顶天盖寺（2号树）	雌	1000	1.02	22	17.0×16.0	10	35	4	1413	669
四川省名山县蒙山山顶天盖寺（5号树）	雌	1000	0.75	20	18.0×17.0	7	12	3	1413	670
四川省名山县蒙山山顶天盖寺（15号树）	雌	1000	1.80	22	16.0×16.0	26			1413	671
四川省泸定县冷碛镇2村（镇政府附近）	雌	1786	4.33	21	18.0×19.0	100	12	3	1734	673
浙江省富阳市受降镇新常村	雌	600	0.85	10	7.0×8.0	1	30			442
浙江省诸暨市五泄镇祥塘村	雄	1000	1.53	24	22.8×22.7	8	50		168	462
浙江省诸暨市青山乡坎头村	雄	750	1.98	26	15.0×11.7	4	20		95	462
浙江省舟山市普陀山法雨寺	雄	400	1.36	28	18.4×21.2	6	100		21	466
重庆市黔江区金溪镇金溪居委会10组白果树	雌	1000	0.89	30	24.5×25.2				763	676
重庆市黔江区太极乡太河村4组	雄	2200	1.08	35	10.0×6.0	1	12		679	678
重庆市南川区三泉镇金佛山黄草坪	雌	2500	3.00	26	22.0×23.0	4	30		1051	679
重庆市南川区水江镇让水村白果园	雌	2050	2.95	20	21.0×21.0	28			1142	682
重庆市南川区庆元乡飞龙村2社堰堤湾西侧一株a	雌	100	0.96	24	16.0×17.0	5			957	683
重庆市南川区庆元乡元龙村4社长垦同东侧一株c	雌	120	1.11	22	14.0×10.0	10	15	3	931	683
重庆市彭水县桑柘镇李家居委会6组清水田	雌	250	2.00	22	16.0×16.0	15				690
重庆市石柱县龙沙镇永丰村玉山组范家坪	雌	150	1.15	22	14.0×14.0	1	10			692
重庆市石柱县中益乡盐井村龙塘组碎香坝a	雌	150	0.95	20	10.0×8.0	5	8	3		693

中国垂乳银杏
Chichi Ginkgo in China

（续）

生长地点	性别	年龄（年）	胸径（m）	树高（m）	冠幅（m）	垂乳数（个）	最大垂乳（cm）长	最小垂乳（cm）长	海拔（m）	页码
重庆市石柱县中益乡盐井村龙塘组谭香坝b	雌	150	1.08	22	9.0×10.0	1				693
重庆市石柱县中益乡光明村前进组三丈坝	雌	300	1.31	23	15.2×10.0	9				694
重庆市石柱县金铃乡石笋村白果组向家院子	雌	153	1.70	25	20.7×20.7	1	5			698
重庆市石柱县金铃乡石笋村金叶组酒家坝	雌	550	1.20	18	11.2×8.0	30				698
重庆市石柱县金铃乡石笋村金叶组丛岩b	雌	300	1.60	18	10.0×12.0	4				698
重庆市石柱县金铃乡响水村张家山组长五杆	雌	253	1.35	26	17.3×17.3	10				699
重庆市石柱县金铃乡石笋村白果坝组白果坝b	雌	450	1.80	24	10.0×12.0	15				700
重庆市石柱县洗新乡丰田村田坪组大湾	雌	150	1.56	20	30.0×28.0				1500	704
重庆市石柱县洗新乡丰田村田坪组新房子	雌	420	2.07	32	27.0×21.8	16				705
重庆市江津区柏林镇东胜村一社白果湾	雌	2000	2.77	25	23.0×22.0			5	962	708
重庆市秀山县钟灵乡钟溪村上坝白果组	雌	1800	2.60	30	22.0×20.0	9	150			708
重庆市酉阳县苍岭镇双石6组野人迁	雄	1100	1.70	26	25.2×26.2	6	8		1009	710
重庆市武隆县接龙乡小坪村a	雄	2000	1.50	23	10.0×10.0	8	25	5	1088	711
重庆市武隆县接龙乡小坪村b	雌	1000	3.80	30	20.0×20.0	13	22		1088	711
云南省腾冲县界头乡白果村1	雌	610	3.08	22	5.0×6.0	大量				822
云南省腾冲县界头乡沙坝村李小寨3	雌	300	1.07	14	9.0×8.0	大量				822
云南省腾冲县界头乡沙坝村李小寨5	雄	300	1.15	9.5	12.0×8.0	大量				823
云南省腾冲县界头乡沙坝村李小寨6	雌	300	1.02	12	4.0×6.0	大量				823
云南省腾冲县界头乡沙坝村李小寨7	雌	300	0.87	12	3.0×2.0	大量				823
云南省腾冲县界头乡沙坝村李小寨8	雌	300	0.74	12	5.0×6.0	大量				823
云南省腾冲县界头乡沙坝村李小寨8	雄	100	0.80	18	6.0×6.0	大量				823

（续）

生长地点	性别	年龄（年）	胸径（m）	树高（m）	冠幅（m）	垂乳数（个）	最大垂乳长（cm）	最小垂乳长（cm）	海拔（m）	页码
云南省腾冲县界头乡沙坝地村李小寨	雌	50	0.38	13	3.0×2.0					823
云南省腾冲县界头乡中平村李家寨9	雌	40	0.26	10	3.0×4.0	大量				823
云南省腾冲县界头乡中平村李家寨10	雌	200	0.82	18	8.0×7.0					824
云南省腾冲县界头乡界头大水沟11	雌	150	0.86	11	6.0×5.0					824
云南省腾冲县界头乡下街	雌	110	0.69	13	6.0×8.0					824
云南省腾冲县界头乡沙坝地村李大寨	雌	50	0.38	13	3.0×4.0					824
云南省腾冲县固东镇江东村1	雌	400	1.18	22.5	16.0×15.4					825
云南省腾冲县固东镇江东村2	雌	500	1.40	30	14.3×14.7					825
云南省腾冲县固东镇江东村	雌	500	1.21	28	19.8×17.2					825
云南省腾冲县固东镇江东村3	雌	200	0.96	24	18.3×15.4					825
云南省腾冲县固东镇江东村4	雌	200	1.01	24	18.0×16.0					825
云南省腾冲县固东镇江东村5	雌	280	1.21	28	19.8×17.2					825
云南省腾冲县固东镇江东村6	雌	280	0.96	27	15.0×16.0					826
云南省腾冲县固东镇江东村	雌	250	0.62	22	11.0×11.5					826
云南省腾冲县固东镇江东村8	雌	250	0.70	21	11.5×11.5					826
云南省腾冲县固东镇江东村9	雌	300	0.83	21	10.1×10.1					826
云南省腾冲县固东镇江东村10	雌	250	0.53	15	14.0×13.5					826
云南省腾冲县固东镇江东村11	雌	300	0.94	22	15.4×16.0					826
云南省腾冲县固东镇江东村	雌	300	0.86	22	11.0×12.1					826
云南省腾冲县固东镇江东村12	雌	400	0.75	22	13.3×13.3					826
云南省腾冲县固东镇江东村	雌	150	0.70	23	13.5×14.0					827

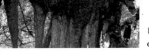

（续）

生长地点	性别	年龄（年）	胸径（m）	树高（m）	冠幅（m）	垂乳数（个）	最大垂乳长（cm）	最小垂乳长（cm）	海拔（m）	页码
云南省腾冲县固东镇江东村	雌	150	0.56	23	11.0×12.0					827
云南省腾冲县固东镇江东村13	雌	100	0.95	24	15.5×15.0					827
云南省腾冲县固东镇江东村	雌	100	0.50	16	9.0×9.5					827
云南省腾冲县固东镇江东村14	雌	150	0.60	21	13.0×12.0					827
云南省腾冲县固东镇江东村	雌	100	0.98	18						827
云南省腾冲县固东镇江东村	雌	100	0.85	19						827
云南省腾冲县固东镇江东村	雌	250	0.87	22						827
云南省腾冲县固东镇江东村	雌	100	0.78	17						827
云南省腾冲县固东镇江东村	雌	300	0.70	23	12.5×14.0					827
云南省腾冲县固东镇江东村	雌	150	0.62	24	13.5×14.0					827
云南省腾冲县固东镇江东村	雌	150	0.61	23.5	10.5×11.0					827
云南省腾冲县固东镇江东村	雌	150	0.60	23	12.0×13.0					827
云南省腾冲县固东镇江东村	雌	150	0.61	23.5	12.5×12.5					827
云南省腾冲县固东镇江东村	雌	150	0.62	24	11.5×12.0					828
云南省腾冲县固东镇江东村15	雌	150	0.57	21	11.0×12.0					828
云南省腾冲县固东镇江东村	雌	150	0.57	20	12.0×13.0					828
云南省腾冲县固东镇江东村	雌	150	0.58	21	11.5×12.5					828
云南省腾冲县固东镇江东村	雌	400	0.92	24	18.6×19.0					828
云南省腾冲县固东镇江东村	雌	300	0.98	25	13.5×12.5					828
云南省腾冲县固东镇江东村	雌	150	0.72	22	12.5×13.0					828
云南省腾冲县固东镇江东村	雌	400	2.83	22	17.8×17.8					828

（续）

生长地点	性别	年龄（年）	胸径（m）	树高（m）	冠幅（m）	垂乳数（个）	最大垂乳长（cm）	最小垂乳长（cm）	海拔（m）	页码
云南省腾冲县固东镇江东村16	雌	250	0.96	22						828
云南省腾冲县固东镇江东村	雄	500	1.59	25	17.0×18.0					828
云南省腾冲县固东镇江东村	雌	250	0.98	22						828
云南省腾冲县固东镇江东村	雌	150	0.87	23						828
云南省腾冲县固东镇江东村	雌	150	0.88	24						828
云南省腾冲县固东镇江东村	雌	500	0.94	22	16.1×15.8					828
云南省腾冲县固东镇江东村	雌	280	0.92	23						828
云南省腾冲县固东镇江东村	雌	280	0.89	25						828
云南省腾冲县固东镇江东村	雌	150	0.67	16	14.1×13.0					828
云南省腾冲县固东镇江东村	雌	300	0.64	20	13.5×11.5					828
云南省腾冲县固东镇江东村	雌	250	0.81	21	14.5×15.4					828
云南省腾冲县固东镇江东村	雌	200	0.93	23	16.0×15.8					828
云南省腾冲县固东镇江东村	雌	200	0.85	20	15.2×16.1					828
云南省腾冲县固东镇江东村	雌	200	0.91	21	14.8×15.2					828
云南省腾冲县固东镇江东村	雌	250	0.92	22	16.0×15.8					829
云南省腾冲县固东镇江东村	雌	200	0.93	22	16.1×16.0					829
云南省腾冲县固东镇江东村	雌	400	0.99	22	14.0×15.6					829
云南省腾冲县固东镇江东村	雌	150	0.89	20						829
云南省腾冲县固东镇江东村	雌	400	1.02	19						829
云南省腾冲县固东镇江东村	雌	100	0.79	17						829
云南省腾冲县固东镇江东村	雌	400	0.95	23	14.0×12.0					829

（续）

生长地点	性别	年龄（年）	胸径（m）	树高（m）	冠幅（m）	垂乳数（个）	最大垂乳 长（cm）	最小垂乳 长（cm）	海拔（m）	页码*
云南省腾冲县固东镇江东村	雌	400	0.95	23	12.8×15.0					829
云南省腾冲县固东镇江东村	雌	400	0.54	23	9.3×9.0					829
云南省腾冲县固东镇江东村	雌	500	0.43	25	9.8×14.0					829
云南省腾冲县固东镇江东村	雌	500	1.84	25	16.5×17.1					829
云南省腾冲县固东镇江东村	雌	500	1.21	24	16.0×17.0					829
云南省腾冲县固东镇江东村	雌	500	0.95	25	16.8×17.0					829
云南省腾冲县固东镇江东村	雌	500	0.85	27	16.0×14.0					829
云南省腾冲县固东镇江东村	雌	500	1.18	27	15.0×14.0					829
云南省腾冲县固东镇江东村	雌	500	1.18	23	14.1×13.5					829
云南省腾冲县固东镇江东村	雌	260	0.74	26	16.9×18.9					829
山西省泽州县南村镇冶底村东岳庙	雌	1400	3.05	26.1	12.7×12.8	3	130		844	852
山西省泽州县铺头乡南庄青莲寺东侧	雄	700	1.56	21.7	13.5×14.9	15	70		607	852
山西省泽州县铺头乡南庄青莲寺西侧	雌	700	0.99	14.1	9.8×14.1	2	30		607	852
山西省芮城县大王镇南汕村玉皇庙（现支部委员会边）	雌	700	1.69	39.6	23.2×20.3	5	15		944	855
山西省曲沃县下裴庄乡南林交村北口	雌	1200	2.68	23.8	18.6×17.1	9	100		489	856
河北省三河市燕头乡大掠马村小学内（原为寺庙）	雌	1300	3.01	30	25.0×31.0	1	85			847

注：*页码系指在《中国银杏种质资源》（邢世岩编著，2013. 中国林业出版社）一书的位置。

图2-3 广东南雄市坪田镇迳
洞区坳背村A：枝生垂乳

图2-4 贵州毕节市七星关区小坝镇王家坝村莺戈岩：
干生及枝生垂乳

图2-5 贵州贵阳市花溪
区高坡乡大洪村小长寨a：
垂乳被锯后再生

图2-6 贵州龙里县谷龙乡上白果寨：垂乳聚生

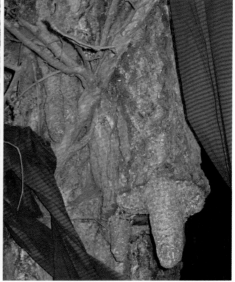

图2-7 贵州龙里县醒狮镇三宝村平寨：垂乳被锯后再生

图2-8 贵州务川县
丰乐镇山江村大竹
园：基生垂乳

图2-9　贵州务川县蕉坝乡蕉坝村蕉坝1：根生垂乳及树洞

图2-10　贵州务川县石朝乡大溪村白果坪1：枝生垂乳

图2-11　贵州习水县寨坝镇：
根生垂乳

图2-12　贵州长顺县广顺镇石板村天台村民组1：垂乳聚生

图2-13　湖南凤凰县茶田镇都首村石柱寨：枝生及干生垂乳

图2-14　湖南会同县炮团侗族苗族乡半坡塘村：枝生及基生垂乳

图2-15　湖南新田县金陵镇千马坪村：枝生垂乳

图2-16　江苏南京市浦口区汤泉镇龙泉路8号惠济寺：枝生垂乳

图2-17　江苏扬州市陵区文昌中路西边路北：枝生垂乳

图2-18　山东莒县浮来山镇浮来山定林寺：枝生垂乳

图2-19　四川都江堰市老市委（2号树）：
100年生母树

图2-20　四川都江堰市浦阳镇银杏村8组
白果岗：干生垂乳，部分被锯

图2-21　四川都江堰市青城山镇青城山天师洞垂乳银杏。
注：A. 2011拍照；B. 英国植物学家Elwes and Henry1906年拍照，引自Del Tredici（1993）

图2-22　四川都江堰市幸福镇公园路离堆公园：枝生及干生垂乳

图2-23　四川万源市灌坝乡二郎坪村：枝生垂乳

图2-24　四川叙永县观兴乡普兴村一组山顶上（2）：枝生及基生垂乳

图2-25　四川江油市中坝镇胜利路口太白纪念馆：示一垂乳入地

图2-26　四川都江堰市都江堰离堆公园：45年生母树垂乳银杏

图2-27　重庆石柱县洗新乡丰田村田坪组大湾：枝生及基生垂乳

图2-28　重庆石柱县中益乡光明村上进组龙山头：根生垂乳沿基石生长

图2-29　重庆武隆县接龙乡小
坪村a：根生垂乳

图2-30　云南腾冲县固东镇江东村8：枝生及干生
垂乳

图2-31　浙江舟山市普陀山法雨寺：单生垂乳

图2-32　福建顺昌县大干镇宝山上湖村高老庄后院I：枝生垂乳

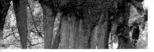

图2-33　甘肃康县王坝乡王家坝村朱家庄社良种场（瞿凉寺）：树奶

图2-34　湖北宣恩县珠山镇茅坝塘村6组：枝生垂乳，部分锯断后开始分生

图2-35　江西遂川县巾石乡兴安村1（左）；九江市庐山区黄龙寺A（右）：垂乳

图2-36　陕西白河县构扒乡平岩村山顶上：3个长垂乳（左）；西安市长安区王庄乡天子峪口村百塔寺南殿院：垂乳（右）

图2-37　山西曲沃县下裴庄乡南林交村北口：干生垂乳紧贴树干

图2-38　安徽怀远县荆芡乡涂山纯阳道院：枝生垂乳

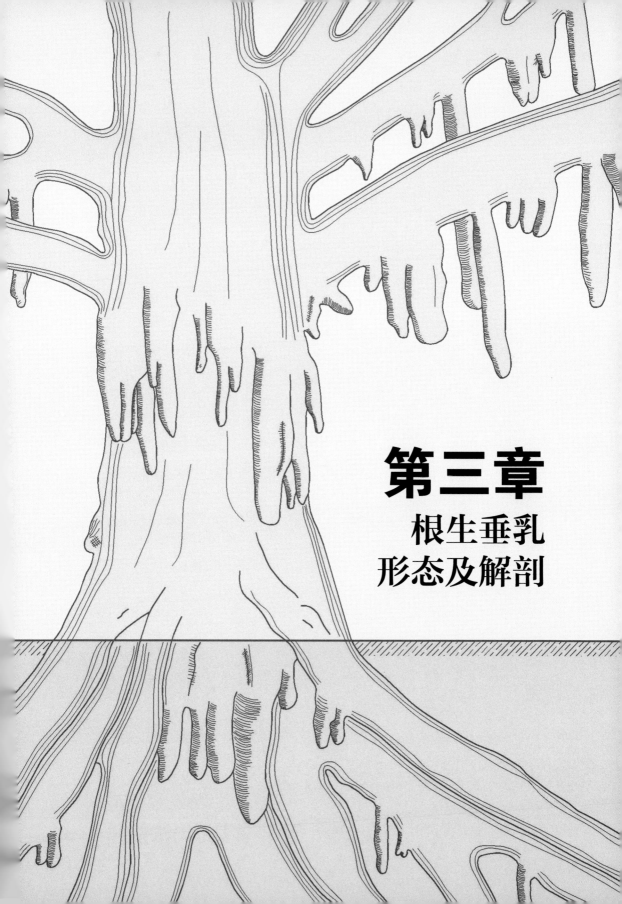

第三章

根生垂乳
形态及解剖

第一节　根生垂乳的形态特征

一、银杏苗期根生垂乳形态变化

根生垂乳外部可见形态的发生始于子叶节间类愈伤组织的形成。系列切片已经证明，类愈伤组织由皮层薄壁细胞分化而来。现将类愈伤组织形成后根生垂乳的发育过程描述如下：

银杏种子从萌发至4周的时间内，子叶间未见有愈伤组织的形成（图3-1-a）。在6周的小苗上，正对种子的子叶间有子叶芽愈伤组织形成，该愈伤组织从子叶节区发出，呈钝形，乳白色，紧贴子叶节区表皮。长0.2cm，宽0.1～0.2cm（图3-1-b）。9周生的苗上，愈伤组织已经形成垂乳的原始形状，顶端钝圆，呈小的"钟乳"状，整体呈乳白色；长度0.2～0.3cm，基部直径0.2cm，具有明显的向地生长特性（图3-1-c）。1年生的银杏苗上，根生垂乳长度达0.5～1.0cm，基径1.0cm，根生垂乳顶端钝圆、肉质，呈白色，周皮开裂较小；基部呈圆形，周皮同茎的类似，有条状开裂；从外观上看，根生垂乳着生在根茎交界处略偏向茎的位置；此阶段的根生垂乳呈明显的"钟乳状"，垂直向地生长（图3-1-e）。2年生的苗木上的根生垂乳，仅在顶端处有很小的呈肉质的区域，顶端周皮有一定程度的开裂，呈黄褐色；基部周皮开裂较大，粗糙，呈灰褐色；此阶段根生垂乳长度达1.5～2.0cm，基径也达到1.0～1.5cm，部分根生垂乳已有不定根的产生（图3-1-f）。4年生苗上的根生垂乳长度达4.0～5.0cm，基径可达2.0～3.0cm；顶端钝圆，呈黄褐色，周皮开裂较小，距顶端1cm范围内周皮呈较小的鱼鳞状开裂，中部以下均为与茎相同的条状开裂，呈灰褐色；呈中部略膨大的"钟乳状"；根生垂乳上着生大量的不定根，不定根在除顶端以外的位置均有分布；根生垂乳均垂直向地生长（图3-1-g）。从4年生苗木开始，便有着生多个垂乳的现象，但从5年生的苗木开始表现得更为明显。5年生苗木上根生垂乳相比4年生的，除长度和基径有所增加外，其顶端皮部开裂较小的面积变小，表面更粗糙，不定根的数量和粗度均增加（图3-1-h，i）。虽然根生垂乳的顶端仍呈肉质，但其基部已经发育成熟，此后的发育过程可以被预测：基径和长度增加的同时，垂乳成熟的区域逐渐增大，成熟的不定根数量逐渐增多，最后根生垂乳顶端发育到同基部相同的程度时便停止发育。

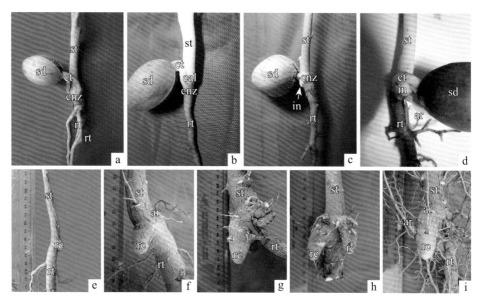

图3-1 根生垂乳的形态发育过程

注：a. 4周生的银杏苗子叶节区未见有愈伤组织产生；b. 6周生银杏苗子叶节区有愈伤组织产生；c. 9周生银杏苗上，子叶节区愈伤组织向下延伸，形成根生垂乳的原始体；d. 11周生银杏苗上，根生垂乳原始体上有不定根产生；e. 1年生的银杏苗的根生垂乳，木质化程度低；f. 2年生银杏苗的根生垂乳及发育成熟的不定根，垂乳部分木质化；g. 4年生银杏苗的根生垂乳，木质化程度较高；h. 5年生银杏苗的根生垂乳；i. 4年生银杏苗根生垂乳上的大量成熟的不定根。sd：种子；st：茎；rt：根；ct：子叶；cnz：子叶节区；cal：子叶芽愈伤组织；in：根生垂乳原始体；ar：不定根；rc：根生垂乳

二、根生垂乳的形态指标

1. 根生垂乳数

1年生银杏苗中，单株根生垂乳数最多有2个，平均1.11个；2年生银杏苗中单株根生垂乳数最多为4个，平均1.36个；4年生银杏苗中单株根生垂乳数最多为6个，平均1.59个；5年生银杏苗中单株根生垂乳数最多为8个，平均1.99个。方差分析显示，1年、2年、4年和5年四个苗龄的单株根生垂乳差异极显著（P=0.005），苗龄越大，单株垂乳数增多（图3-2-A）。

2. 根生垂乳发生率

1年生银杏苗中，根生垂乳的发生率为20.00%，2年生银杏苗根生垂乳发生率为34.00%，4年生银杏苗根生垂乳发生率为61.67%，5年生银杏苗根生垂乳发生率为74.67%。方差分析表明，4个苗龄间根生垂乳发生差异极显著（$P<0.0001$），苗龄越大，根生垂乳的发生率也越高（图3-2-B）。

3. 根生垂乳基径和长度

1年生银杏苗根生垂乳的基径最大0.5cm，最小0.3cm，平均0.41cm；2年生银杏苗根生垂乳的基径最大2.5cm，最小0.3cm，平均1.19cm；4年生银杏苗根生垂乳的基径最大4.0cm，最小0.2cm，平均1.57cm；5年生银杏苗根生垂乳的基径最大5.0cm，最小0.2cm，平均2.02cm。4个苗龄间根生垂乳基径差异极明显（$P=0.001$），根生垂乳基径随苗龄增大而增大（图3-2-C）。

1年生银杏苗根生垂乳的长度最大为0.7cm，最小0.2cm，平均0.21cm；2年生银杏苗根生垂乳的最大为2.2cm，最小0.2cm，平均0.62cm；4年生银杏苗根生垂乳的最大为6.0cm，最小0.2cm，平均1.20cm；5年生银杏苗根生垂乳的最大为7.6cm，最小0.2cm，平均2.51cm。4个苗龄间根生垂乳长度差异极明显（$P<0.0001$），根生垂乳长度随苗龄增大而增大（图3-2-D）。

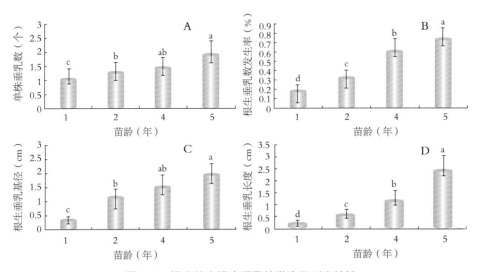

图3-2　银杏苗木根生垂乳的发生及形态特性

注：a，b……示 α =0.05水平下差异显著性。A. 单株垂乳数；B. 根生垂乳发生率；C. 根生垂乳基茎；D. 根生垂乳长度

第二节　处理对根生垂乳的影响

一、处理对根生垂乳发生率的影响

2年生苗木中，平茬的根生垂乳发生率最高，为58.82%，移栽的为42.22%，平放为34.86%，对照的垂乳发生率最低，为33.33%。5年生苗木中，平茬苗木根生垂乳发生率为87.27%，对照为76.09%，平放和移栽的垂乳发生率均为100%。

二、不同处理对根生垂乳极性的影响

根生垂乳均向地生长（图3-3-a～图3-3-e）；平茬和移栽对根生垂乳的生长方向无影响，与对照的根生垂乳生长方向一致（图3-3-e，i）；平放使2年生苗木根生

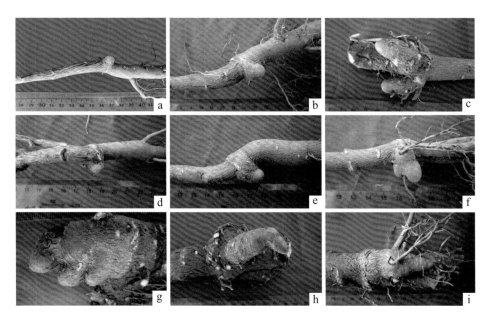

图3-3　不同处理对银杏苗木根生垂乳影响

注：a. 2年生平茬苗木上根生垂乳；b. 2年生移栽苗木上根生垂乳；c. 2年生平放苗木上根生垂乳；d. 5年生平放苗木上根生垂乳；e. 5年生平放苗木上根生垂乳；f. 5年生平茬苗木上根生垂乳腐烂的不定根；g. 5年生平放苗木上根生垂乳；h. 5年生平放苗木上根生垂乳；i. 5年生平茬苗木上根生垂乳腐烂的不定根

垂乳与茎干生长方向垂直，使5年生苗木的根生垂乳新生长部分与茎干生长方向近似垂直，且平放使2年和5年生苗木根生垂乳都出现多个顶点现象（图3-3-f，g）。

三、不同处理对根生垂乳生长指标的影响

1. 根生垂乳数

1年生银杏苗单株根生垂乳数最多为2个，平均为1.11个。2年生苗木平茬、平放、移栽3个处理单株垂乳数均大于对照，方差分析显示，差异显著（P=0.0100<0.05）；Ducan检验结果表明，平茬处理单株垂乳数显著大于其他处理（图3-4-A）。5年生苗木平茬、平放、移栽3个处理单株垂乳数均大于对照，方差分析显示，差异显著（P=0.0341<0.05）；Ducan检验结果表明，平茬处理单株垂乳数显著大于其他处理（图3-4-D）。3种处理措施均能增加单株垂乳数，但平茬效果最明显。

2. 根生垂乳基径

1年生苗木根生垂乳基径最大为0.8cm，最小仅为0.1cm，平均为0.38cm。2年苗木平茬、平放、移栽3个处理的根生垂乳基径均大于对照，方差分析显示，差异显著（P=0.0455<0.05）；Ducan检验结果表明，平茬处理垂乳基径显著大于其他处理（图3-4-B）。5年生苗木中3个处理的根生垂乳基径均大于对照，方差分析显示，差异显著（P=0.0400<0.05）；Ducan检验结果表明，平放处理垂乳基径显著大于其他处理（图3-4-E）。综合来看，平茬和平放对垂乳基径的增加影响明显。

3. 根生垂乳长度

1年生苗木根生垂乳长度最大为0.5cm，最小仅为0.1cm，平均为0.20cm。2年生苗木中3个处理的根生垂乳长度均大于对照，方差分析显示，差异显著（P=0.0227<0.05）；Ducan检验结果表明，平放处理垂乳长度显著大于其他处理（图3-4-C）。5年生苗木3个处理的根生垂乳长度均大于对照，方差分析显示，差异极显著（P=0.0001<0.01）；Ducan检验结果表明，平放处理垂乳长度显著大于其他处理（图3-4-F）。3种处理措施均能增加垂乳长度，但平放效果最明显。

4. 根生垂乳不定根数量

1年生苗木根生垂乳全部和2年生苗木中对照、移栽两个处理没有不定根的产生。2年生平茬苗木根生垂乳不定根最多有6条，平均为2.58条；平放的最多为3条，平均为2.00条。5年生苗中对照的不定根最多为4条，最少为1条，平均为1.93

条；平茬的最多为10条，最少为1条，平均为3.90条；平放的最多5条，最少1条，平均为2.83条；移栽的最多12条，最少1条，平均为4.06条。3种处理不定根数均少于对照，方差分析表明，差异极显著（P=0.0011<0.05）；Ducan检验结果表明，平茬、平放、移栽与对照差异显著（图3-4-G），均能促进不定根的产生。

5. 根生垂乳不定根长度

2年生平茬苗木的不定根长度最大为20.0cm，最小为1.5cm，平均为9.44cm；

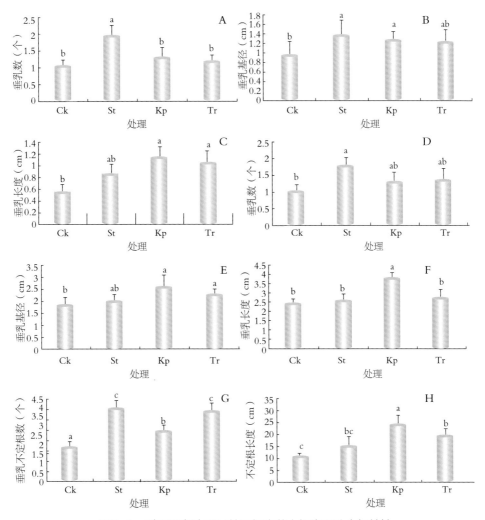

图3-4 2年和5年生不同处理银杏苗木根生垂乳生长特性

注：a，b……示α=0.05水平下差异显著性。Ck: 对照；St: 平茬；Kp: 平放；Tr: 移栽。A-C. 2年生不同处理银杏苗根生垂乳特性；D-H. 5年生不同处理银杏苗根生垂乳特性

平放的最大为7.0cm，最小1.0cm，平均为4.17cm；T-test检验表明，平茬、平放处理不定根长度差异显著（P=0.0214<0.05）。5年生苗中对照的不定根长度最大为30.0cm，最小为2.0cm，平均为11.81cm；平茬的最大为33.5cm，最小为3.0cm，平均为15.74cm；平放的最大为38.0cm，最小为4.8cm，平均为25.36cm；移栽的最大为39.2cm，最小为2.9cm，平均为20.01cm。3种处理不定根长度均大于对照，方差分析表明，差异极显著（P=0.0045<0.05）；Ducan检验结果表明，平放、移栽两处理与对照差异显著（图3-4-H），说明二者能促进不定根长度的增加。

四、不同处理对根生垂乳皮厚及木质所占比例的影响

1. 根生垂乳皮

1年生苗木根生垂乳皮厚平均为0.31cm，根的皮厚平均为0.27cm。2年生苗木中，平放的根生垂乳皮厚最小，平均为0.33cm，根的为0.27cm；移栽的根生垂乳皮厚最大，平均为0.50cm，根的为0.46cm。根生垂乳皮厚处理间差异极显著（P=0.0009，图3-5-A）。5年生苗木中，对照的根生垂乳皮厚最大，平均为0.53cm，根的皮厚平均为0.37cm；平放的根生垂乳皮厚平均为0.41cm，根的为0.40cm；移栽的根生垂乳皮厚最小，平均为0.51cm，根的为0.34cm。根生垂乳皮厚处理间差异极显著（P=0.0010，图3-5-B）。由2年与5年生综合看，平放处理的根生垂乳皮厚最小。1年、2年和5年生苗木根生垂乳与根的皮厚T-test结果显示，二者差异极显著（P=0.0003）。

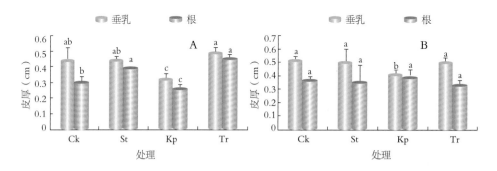

图3-5　不同处理下银杏苗根生垂乳与根皮厚比较

注：a，b……示α=0.05水平下差异显著性。Ck：对照；St：平茬；Kp：平放；Tr：移栽。
A. 2年生苗木；B. 5年生苗木

2. 根生垂乳木质所占比例

鲜重时木质重量占垂乳重量的比例是衡量垂乳木质化程度的重要指标。1年生苗木根生垂乳木质所占比例平均为16.98%，根木质所占比例平均为25.29%，垂乳与根差异不显著（P=0.2614）。2年生苗木中，根生垂乳木质所占比例处理间差异极显著（P=0.0026），Ducan检验结果显示，平放的根生垂乳木质比例大于其他（图3-6-A），T-test检验表明，根生垂乳木质所占比例与根无显著差异（P=0.3739）。5年生苗木中，根生垂乳木质所占比例处理间差异显著（P=0.0184），Ducan检验结果显示，平茬、平放、移栽的木质所占比例均明显高于对照（图3-6-B），T-test检验表明，根生垂乳木质所占比例与根显著极差异（P<0.0001），比1年、2年生苗木的木质化程度显著提高。

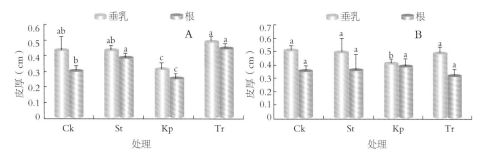

图3-5　不同处理下银杏苗根生垂乳与根皮厚比较

注：a，b……示α=0.05水平下差异显著性。Ck：对照；St：平茬；Kp：平放；Tr：移栽。A. 2年生苗木；B. 5年生苗木

五、不同处理对根生垂乳生物量及含水量的影响

1. 根生垂乳鲜重与干重

1年生苗木根生垂乳鲜重平均为0.385g，干重为0.116g；木质鲜重平均为0.068g，干重为0.020g；皮鲜重平均为0.318g，干重为0.096g。2年生苗木中，3种处理对根生垂乳鲜重影响极显著（P=0.0025），对干重的影响显著（P=0.0340），对根生垂乳木质鲜重（P=0.0653）、干重（P=0.3237）影响均不显著，皮鲜重（P=0.0004）、干重（P=0.0047）影响均极显著（图3-7-A、图3-7-B）。Ducan检验结果表明，平茬处理的根生垂乳鲜重、干重，木质鲜重、干重和皮的鲜重、干重均高于对照和其他处理。5年生苗木中，3种处理

对根生垂乳鲜重（P=0.0157）、干重（P=0.0216）的影响均显著，对根生垂乳木质鲜重（P=0.0272）、干重（P=0.0362）影响均显著，对根生垂乳木质鲜重（P=0.0111）、干重（P=0.0280）影响均极显著（图3-7-C、图3-7-D）。Ducan检验结果表明，平茬、移栽处理的根生垂乳鲜重、干重，木质鲜重、干重和皮的鲜重、干重均高于对照和其它处理。

2. 根生垂乳含水量

1年生苗木根生垂乳含水量平均为70.20%，其木质含水量为74.15%，皮的含水量为69.80%；根的含水量平均为70.02%，其木质含水量为61.56%，皮的含水量为73.11%。根生垂乳、木质及皮的含水量与根的差异不明显（P=0.9514，P=0.0880，P=0.3874）。2年生苗木根生垂乳及根的含水量如表3-1所示，垂乳的含水量处理间差异不明显（P=0.2159），与根的含水量无显著差异（P=0.7556）；而木质含水量处理间差异极明显（P=0.0005），平茬、平放的显著高于对照及移栽的，与根木质含水量差异不显著（P=0.1407）；皮的含水量差异不明显（P=0.2007），与根皮含水量差异不显著（P=0.6556）。5年生苗木根生垂乳及根的含水量如表3-2所示，垂乳的含水量处理间差异极明显（P=0.0004），与根的含水量差异显著（P=0.0125）；木质含水量处理间差异极明显（P=0.0005），移栽的显著低于其他三个处理，与根木质含水量差异不显著（P=0.3385）；皮的含水量差异明显（P=0.0186），与根皮含水量差异不显著（P=0.0930）。与1年、2年生苗木相比，5年生苗木根生垂乳木质的含水量降低。

表3-1　2年生不同处理的根生垂乳及根的含水量

处理	垂乳含水量（%）			根含水量（%）		
	总体	木质	皮	总体	木质	皮
2a-Ck	66.82±11.67a	64.74±6.09b	67.76±13.21a	66.71±1.92b	58.31±5.34c	69.67±2.40b
2a-St	73.45±0.34a	72.27±2.11a	75.02±1.84a	68.77±0.25a	61.00±0.43b	70.88±0.24b
2a-Kp	67.75±0.36a	71.11±0.99a	66.36±0.19a	70.07±0.16a	74.94±1.22a	64.76±0.08c
2a-Tr	65.74±0.04a	60.61±0.33b	66.97±0.42a	70.07±0.37a	58.55±0.15c	74.30±0.09a

注：a，b……示α=0.05水平下差异显著性。Ck：对照；St：平茬；Kp：平放；Tr：移栽

表3-2 5年生不同处理的根生垂乳及根的含水量

处理	垂乳含水量（%）			根含水量（%）		
	总体	木质	皮	总体	木质	皮
5a-Ck	69.89±3.62a	65.32±5.01a	72.42±3.55ab	66.62±2.67a	58.45±7.19c	70.11±5.16ab
5a-St	66.04±0.09b	64.39±0.20a	66.72±0.13c	66.13±0.10a	61.58±0.07b	67.35±0.09b
5a-Kp	66.12±0.08b	63.40±0.13a	67.63±0.18bc	62.60±0.48b	70.13±0.84a	59.25±3.58c
5a-Tr	67.18±0.15b	58.52±0.44b	75.09±5.53a	65.58±0.10a	53.45±0.28d	71.43±0.12a

注：a，b……示 α=0.05水平下差异显著性。Ck：对照；St：平茬；Kp：平放；Tr：移栽

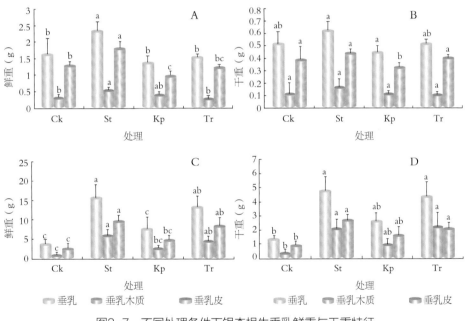

图3-7 不同处理条件下银杏根生垂乳鲜重与干重特征

注：a，b……示 α=0.05水平下差异显著性。垂乳指垂乳整体。Ck：对照；St：平茬；Kp：平放；Tr：移栽。A-B. 2年生苗木；C-D. 5年生苗木

第三节　根生垂乳解剖特征

一、根生垂乳发端

1. 根生垂乳发生部位的解剖构造

4周生的幼苗中，胚轴子叶节区由表皮、皮层、韧皮部、形成层、木质部和髓构成（图3-8-a）。表皮仅由一层近圆形、液泡发达的细胞构成（图3-8-b），表皮细胞暴露在空气中的切向细胞壁加厚（图3-8-b）。皮层由10~15层体积较大的薄壁细胞构成，占整个横截面的1/3左右（图3-8-a）。靠近表皮的皮层薄壁细胞中分布有大量分化程度不同的分泌腔，呈圆形（图3-8-a），直径在150~200μm范围内。韧皮部仅由5~10层细胞组成，靠近维管形成层处，筛管和伴胞结构清晰（图3-8-b）。韧皮射线明显，由染色较深的单列薄壁细胞组成。维管形成层连续，由3~5层纺锤状细胞紧密排列而形成（图3-8-b）。木质部中，初生木质部由口径较大的管胞构成，次生木质部由口径较小均一的管胞构成（图3-8-b）。木射线发达，由单列细长的薄壁细胞组成（图3-8-b）。髓发达，由体积较大的薄壁细胞构成，近木质部的薄壁细胞体积明显小于髓心的，形成环髓带（图3-8-a，e）。子叶中子叶迹明显（图3-8-d，e）。

5周生的银杏苗中，胚轴已经出现周皮的分化，木栓形成层明显，由两层纺锤状细胞构成，木栓层由2~4层细胞构成（图3-8-c）；木质部较4周生苗发达。

2. 子叶芽期

子叶芽在5周生及以上的银杏苗子叶节区固定发生，且均位于子叶与胚轴连接处茎的皮层中。每株幼苗有子叶芽1个或2个（Del Tredici，1992b）。子叶芽的形成过程如下：

5周生的银杏小苗中，子叶迹正对的维管形成层细胞活跃，形状不全为纺锤形，排列不规则（图3-8-d）。此处薄壁细胞的不断分裂，将子叶迹向外挤压。髓内的部分薄壁细胞因受挤压而破裂。

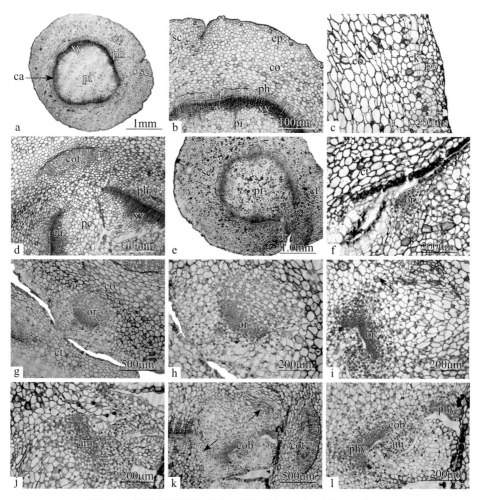

图3-8 根生垂乳发生部位的解剖结构及子叶芽的形成过程

注：a. 4周生银杏苗胚轴子叶节区结构；b. 4周生银杏苗胚轴子叶节区结构，示表皮、皮层、韧皮部、形成层、木质部及髓；c. 5周生的银杏苗中出现木栓形成层，周皮形成；d. 子叶节区，髓中正对子叶迹的细胞分裂；e~f. 子叶芽发端细胞在子叶与胚轴连接处形成；g. 子叶芽发端细胞分化形成细胞团，进一步分裂与分化形成具有苗端细胞学分区的分生组织区域；h. 分生组织区域发育形成"锥状"结构，并与胚轴维管系统连接（箭头示）；i. "锥状"结构中心径向排列的细胞栓质化，与锥状结构的基部分离，形成一个近三角形的裂口；j. 子叶芽顶端分生组织明显；k~l. 子叶芽形成，箭头示子叶芽与胚轴维管系统的完整连接。ep：表皮；pe：周皮；co：皮层；ph：韧皮部；ca：形成层；xy：木质部；pi：髓；pc：薄壁细胞；sc：分泌腔；ck：木栓形成层；ct：子叶；cot：子叶迹；or：子叶芽发端细胞；cob：子叶芽；am：顶端分生组织；phy：叶原基

6周生的银杏苗中，子叶迹与茎的维管形成层相对的区域表皮内3~5层（20~30个）薄壁细胞体积较小、细胞核大、染色较深、排列紧密，显示分裂能力旺盛（图3-8-e，f），该部分细胞即为子叶芽的发端细胞。经垂周和平周分裂，发端细胞分化成顶端由2层切向排列细胞构成，中部由多列径向排列的细胞构成的分生组织区域（图3-8-g）。该分生组织区域进一步分化，形成顶端为1~2层细胞构成的原始细胞群，原始细胞群下面为中央母细胞区域，其下面为肋状分生组织区域（图3-8-h）。茎的维管系统显示出与分生组织区域连接的痕迹（图3-8-h）。

分生组织区域继续发育形成一个锥状结构，锥状结构的底部与茎的维管束连接。随后，锥状结构中间径向排列的细胞栓质化，与锥状结构的基部分离，形成明显的裂口。裂口增大，锥状结构中心形成一个近三角形的开口（图3-8-i）。锥状结构底部细胞排列紧密、细胞质浓、分裂旺盛，逐渐形成一个两侧略突起、中间明显突起的芽（图3-8-j~图3-8-1）。较小的突起是叶原基，中间较大的突起是顶端分生组织。子叶芽与茎的维管系统完整连接，潜伏在距表皮3~4层细胞的皮层中（图3-8-1）。

3. 子叶芽愈伤组织期

子叶芽愈伤组织起源于皮层薄壁细胞。子叶芽形成的同时，两子叶之间靠近子叶芽形成部位的皮层中，薄壁细胞体积较小、细胞质浓、细胞核大、分裂旺盛（图3-9-b），导致皮层加厚（图3-9-a，b）。在子叶节区的两子叶结合位置（图3-9-a，b），胚轴的加粗与子叶芽向外延伸均受到子叶的限制而形成子叶芽愈伤组织（图3-9-a）。6周生苗中子叶芽愈伤组织已明显突起，呈圆锥状（图3-9-c），由较大的薄壁细胞构成，且薄壁细胞分裂旺盛；木栓形成层活跃（图3-9-d）；存在大量分泌腔，其分泌腔径比胚轴皮层的大（图3-9-e~图3-9-g）；此时期子叶芽愈伤组织中薄壁细胞呈圆形、近圆形或不规则形状，排列无明显规律（图3-9-d~图3-9-f）。7周生的苗中子叶芽愈伤组织呈明显的圆锥状突起（图3-9-h，i），突起中薄壁细胞分裂旺盛（图3-9-i，j），子叶芽愈伤组织在与皮层连接处形成缢裂，缢裂处细胞体积小、细胞核大，显示出旺盛分裂能力（图3-9-k，1）。8周生苗中，子叶芽愈伤组织与皮层连接处的缢裂加深，且愈伤组织呈圆形或半圆形（图3-9-m，n），薄壁细胞由无规则排列转变为径向排列，与皮层中薄壁细胞排列方向垂直（图3-9-m，n）。9周生苗中，子叶芽愈伤组织含有大量不同发育程度的分泌腔，分泌腔直径较大（图3-9-o），子叶芽愈伤组织呈现向地伸长生长趋势。

4. 根生垂乳形成期

切片观察发现，从第9周开始，茎的形成层细胞明显加宽，有向子叶芽愈伤组织延伸的趋势，木质部管胞口径增大（图3-9-p），髓射线加宽（图3-9-o）。15周时，茎的维管形成层已经延伸到子叶芽愈伤组织内，银杏苗子叶节区的维管系统与子叶芽愈伤组织完全连接（图3-9-q），子叶芽愈伤组织被向外挤压形成根生垂乳的皮层。横切面显示，连接处的维管形成层已经向内分化出次生木质部，

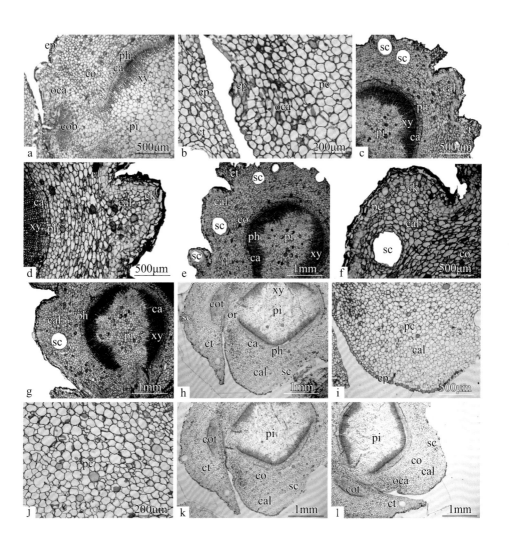

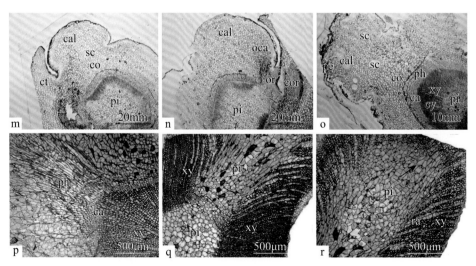

图3-9　根生垂乳子叶芽愈伤组织的形成与发育

注：a~b. 子叶芽形成部位一侧细胞分裂旺盛，即子叶芽愈伤组织发端细胞；c~g. 6周生银杏苗上，子叶芽愈伤组织在子叶间突起明显且逐渐增大；h~i. 6周生银杏苗上子叶芽愈伤组织；j. 6周生银杏苗上子叶芽愈伤组织中旺盛分裂的薄壁细胞；k~l. 7周生银杏苗上，子叶芽愈伤组织与胚轴间出现缢裂，且缢裂程度逐渐增大；m~n. 子叶芽愈伤组织向外突出形成一个半圆形的结构；o. 子叶芽愈伤组织继续发育形成根生垂乳原始体；p. 子叶芽愈伤组织形成处的形成层活跃，呈向外延伸的趋势；q~r. 子叶芽愈伤组织与茎的维管系统连接。ep：表皮pe：周皮；co：皮层；ph：韧皮部；ca：形成层；xy：木质部；pi：髓；sc：分泌腔；pc：薄壁细胞；ck：木栓形成层；ct：子叶；cot：子叶迹；cob：子叶芽；cal：子叶芽愈伤组织；oca：子叶芽愈伤组织发端细胞；r：射线

向外分化出次生韧皮部（图3-9-r），实现了连接部位的加粗生长。纵切面显示，2年和5年生根生垂乳顶端由周皮、皮层、韧皮部、木质部、形成层和髓构成（图3-10-d）。周皮中木栓形成层细胞活跃，皮层发达，韧皮部所占比例较小，形成层细胞明显加宽且排列不规则（图3-10-b，e）。皮层中存在大量发育程度不同的分泌腔，并且在髓射线与形成层交叉处存在不定芽（图3-10-a～图3-10-f）。根生垂乳髓中有大量体积较大的薄壁细胞，没有初生木质部存在（图3-9-r），因此，根生垂乳的初生木质部发育方式与茎相同。

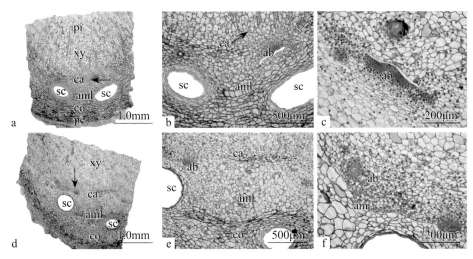

图3-10　根生垂乳的顶端结构

注：a. 2年生根生垂乳顶端纵切面，箭头示不定芽；b. 2年生根生垂乳顶端类似顶端分生组织的"锥状"结构；c. 2年生根生垂乳顶端不定芽；d. 5年生根生垂乳顶端纵切面，箭头示不定芽；e. 5年生根生垂乳顶端类似顶端分生组织的"锥状"结构；f. 2年生根生垂乳顶端不定芽。pe：周皮；co：皮层；ca：形成层；xy：木质部；pi：髓；sc：分泌腔；aml：类似顶端分生组织的"锥状"结构；am：顶端分生组织；ab：不定芽

二、根生垂乳的解剖结构

2年、5年生银杏根生垂乳的解剖结构由周皮、皮层、韧皮部、木质部和髓五部分组成。

1. 根生垂乳周皮

周皮包括木栓层、木栓形成层和栓内层。木栓形成层在横切面上呈长方形，进行平周分裂，向外形成木栓层，向内形成栓内层。木栓层细胞呈长方形，排列紧密栓内层细胞形状近长方形，但不完全规则，胞间隙较大。9周生的银杏苗子叶芽愈伤组织周皮由一层木栓层细胞、一层木栓形成层细胞和一层栓内层细胞构成（图3-11-a）；14周生银杏苗上子叶芽愈伤组织的周皮由两层木栓层，一层木栓形成层和一层栓内层细胞构成（图3-11-b）；2年生苗木的根生垂乳基部周皮的木栓层细胞6～7层；木栓层外侧由2～3层被挤碎的表皮细胞包被，颜色较深；木栓形成层细胞3层；栓内层细胞2层（图3-11-c）。中部木栓层细胞5～6层；木栓层由2层被挤碎的表皮细胞包被，栓内层细胞2层，木栓形成层细胞2层（图3-11-d）。顶端木栓层细胞3～4层，栓内层细胞1层，木栓形成层细胞2层（图3-11-e）。

　　5年生苗木的根生垂乳基部的木栓层细胞8～10层；木栓层外侧由3层挤碎的表皮细胞包被；木栓形成层细胞3层；栓内层细胞2～3层（图3-11-f）。垂乳顶端周皮的木栓层细胞6～8层；木栓层外侧由3层被挤碎的表皮细胞包被；木栓形成层细胞2～3层；栓内层细胞2～3层（图3-11-g）。

　　2年生银杏根周皮的木栓层细胞有10～12层，木栓层外侧由2层表皮细胞，木栓形成层细胞2～3层，栓内层细胞2层（图3-11-h）。

　　4周生银杏苗的茎的表皮仅由一层近圆形、液泡发达的细胞构成，表皮细胞暴露在空气中的切向细胞壁加厚。5周生的银杏苗中，胚轴已经出现周皮的分化，木栓形成层明显，由两层纺锤状细胞构成，木栓层由2～4层细胞构成。

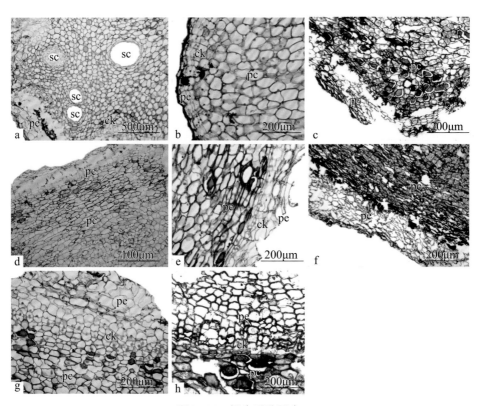

图3-11　根生垂乳周皮

注：a. 9周生银杏苗子叶芽愈伤组织的周皮；b. 14周生银杏苗子叶芽愈伤组织顶端周皮；c. 2年生银杏苗根生垂乳基部周皮；d. 2年生银杏苗根生垂乳中部周皮；e. 2年生银杏苗根生垂乳顶端周皮；f. 5年生银杏苗根生垂乳基部周皮；g. 5年生银杏苗根生垂乳顶端周皮；h. 2年生银杏苗根的周皮。sc：分泌腔；pe：周皮；ck：木栓形成层

2. 根生垂乳皮层

9周和14周生的银杏苗子叶芽愈伤组织栓内层以内均为薄壁细胞，细胞体积较大，分裂旺盛（图3-12-a，b）。

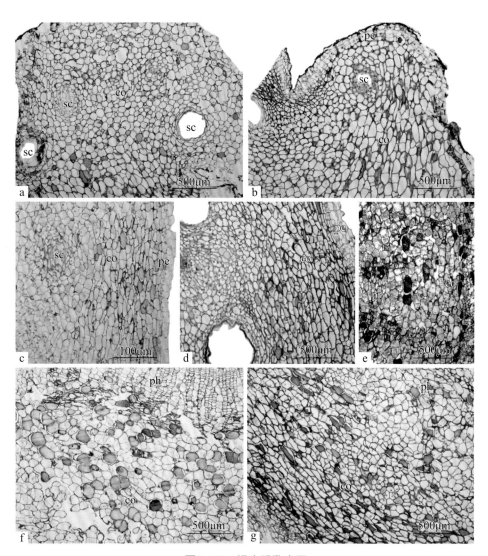

图3-12　根生垂乳皮层

注：a. 9周生银杏苗子叶芽愈伤组织的皮层；b. 14周生银杏苗子叶芽愈伤组织皮层；c. 2年生银杏苗根生垂乳基部皮层；d. 2年生银杏苗根生垂乳顶端皮层；e. 2年生银杏苗根的皮层；f. 5年生银杏苗根生垂乳基部皮层；g. 5年生银杏苗根生垂乳顶端皮层。sc：分泌腔；pe：周皮；co：皮层；pr：韧皮射线；ph：韧皮部

2年生苗木根生垂乳基部的皮层10～15层较大的薄壁细胞构成。靠近栓内层的细胞呈长方形，切向排列规则；靠近韧皮部一侧的薄壁细胞体积比外侧的大且形状不规则，排列也不规则（图3-12-c）。顶端的皮层由较大的薄壁细胞组成，形状不规则，排列不规律，皮层所占比例比基部高（图3-12-d）。

5年生苗木根生垂乳基部皮层由大量薄壁细胞组成，细胞大小不一，形状不规则，排列无规律。靠近栓内层一侧薄壁细胞小于近次生韧皮部一侧的。越靠近基部，皮层薄壁细胞形状越趋向于长椭圆形、长方形，大小趋于一致，排列趋于规则（呈层状排列）（图3-12-f）。顶端皮层薄壁细胞均较大，形状不规则，排列无规律，靠近次生韧皮部的细胞则更大，排列无规律（图3-12-g）。

2年生银杏苗根的皮层由5～6层较大的皮层薄壁细胞构成，细胞形状近长椭圆形，趋于层状排列，但排列不紧密（图3-12-e）。

3. 根生垂乳韧皮部

次生韧皮部的组成分子有筛管、伴胞、韧皮薄壁细胞、韧皮纤维和韧皮射线。

2年生苗木根生垂乳基部的次生韧皮部中，韧皮纤维很少且纤维细胞未完全木质化。有大量的体积较大的韧皮薄壁细胞。韧皮射线明显，由单列细胞组成且细胞体积是正常韧皮部细胞体积的2倍以上。当年形成的筛管、伴胞结构异常明显，分布在维管形成层附近（图3-13-a）。2年生苗木根生垂乳的顶端处于初生结构向次生结构的过渡时期，既保留有初生结构的特征，又有部分次生结构已经形成。次生韧皮部的组成成分与基部相同。韧皮纤维含量极少，细胞未木质化；维管形成层附近新形成的筛管和伴胞结构清晰；韧皮薄壁细胞体积大，排列不规则；韧皮射线单列，射线细胞体积大，排列紧密、但不如基部射线规则（图3-13-b）。

5年生苗木根生垂乳基部次生韧皮部的组成分子同2年生的相同。靠近维管形成层的筛管和伴胞大小一致，排列致密、规则，筛管在横切面上呈多边形或近长方形；伴胞细胞细长，两端较大，中间较细，呈溢裂状。靠近次生韧皮部的与皮层交界处，筛管与伴胞排列集中，但较杂乱，无规则。韧皮纤维含量较大，细胞壁基本木质化。韧皮薄壁细胞相对2年生基部的少，体积相对较小。韧皮射线单列，射线细胞均为薄壁细胞，体积大，为筛管体积的2倍以上，排列规则。从维管形成层向外，韧皮射线细胞逐渐增大，整个射线呈楔形。韧皮部薄壁细胞被挤压变形（图3-13-c）。顶端的次生韧皮部组成成分同基部相同，不同的是韧皮薄壁细胞含量比基部大，韧皮纤维量少且未完全木质化。韧皮射线为单列，细胞较大，是筛管。伴胞体积的2倍以上。筛管和伴胞在靠近维管形成层的部位排列紧密、规则，在靠近皮层的部位排列杂乱（图3-13-e）。

2年生根的次生韧皮部由筛管、伴胞、韧皮纤维、韧皮射线和韧皮薄壁细胞等分子组成。筛管和伴胞在靠近形成层区域排列紧密、规则。韧皮纤维含量丰富，韧皮纤维群分布于韧皮射线间，呈倒三角形排列，其含量较5年生苗木根生垂乳的基部大。韧皮射线明显，较垂乳中的明显，由2～4列较大且不规则的薄壁细胞组成。射线在近维管形成层处较窄，向外辐射状逐渐变宽，整体呈楔形。除韧皮射线的薄壁细胞外，其余薄壁细胞主要分布于韧皮纤维群的间隙，形状不规则，体积较大，排列也无规律性（图3-13-f）。

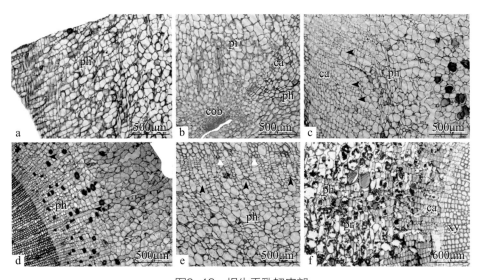

图3-13　根生垂乳韧皮部

注：a. 2年生银杏苗根生垂乳基部韧皮部；b. 2年生银杏苗根生垂乳顶端韧皮部；c. 5年生银杏苗根生垂乳基部皮层，黑色箭头示韧皮射线；d. 1年生银杏苗茎的韧皮部，黑色箭头示韧皮射线，白色箭头示形成层；e. 5年生银杏苗根生垂乳顶端韧皮部，黑色箭头示韧皮射线，白色箭头示形成层；f. 2年生银杏苗根的韧皮部。ph：韧皮部；ca：形成层；pi：髓；xy：木质部；pr：韧皮射线；cob：子叶芽

4周银杏苗茎的韧皮部仅由5～10层细胞组成，靠近维管形成层处，筛管和伴胞结构清晰。韧皮射线明显，由染色较深的单列薄壁细胞组成。1年生茎中次生韧皮部所占比例很大，与木质部比例约为1：1.5，由筛管、伴胞、韧皮纤维、韧皮射线和韧皮薄壁细胞等分子组成。筛管与伴胞在近形成层处结构明显，从形成

层向外，约10~15层细胞排列规则，且由里向外，筛管和伴胞细胞逐渐增大。在初生韧皮部中，筛管和伴胞数量较少，分布于薄壁细胞间。韧皮纤维量较少，远少于2年生根。韧皮射线单列，由长椭圆形细胞组成，其细胞长度是普通薄壁细胞的2~3倍。射线长度不一，最长可达初生韧皮部处。韧皮薄壁细胞近辐射状排列，初生韧皮部中的含量大于次生韧皮部中的（图3-13-d）。

4. 根生垂乳形成层

2年生苗木根生垂乳基部的维管形成层明显，由2~3层扁平、纺锤状的细胞构成。韧皮射线与木射线在形成层处连接，发达的维管射线使形成层不连续，每隔2~3列形成层细胞便有维管射线穿过（图3-14-a）。距垂乳顶端0.5cm处，近似为初生结构，维管形成层组成与基部相同，基本不连续，被2~3列射线隔开（图3-14-b）。顶端是初生结构，维管形成层的组成同基部相同，不同的是，形成层细胞排列不规律，形成层不连续，但没有呈现基部的规律。贯穿形成层的射线更多，但不很明显（图3-14-c）。

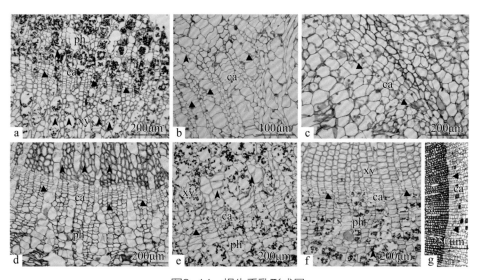

图3-14 根生垂乳形成层

注：a. 2年生银杏苗根生垂乳基部形成层，蓝色箭头示韧皮射线，黑色箭头示髓射线，三角形箭头示形成层；b. 2年生银杏苗根生垂乳中部形成层，蓝色箭头示韧皮射线，黑色箭头示髓射线，三角形箭头示形成层；c. 2年生银杏苗根生垂乳顶端形成层，三角形箭头示形成层；d. 5年生银杏苗根生垂乳基部木质部，蓝色箭头示韧皮射线，黑色箭头示髓射线，三角形箭头示形成层；e. 5年生银杏苗根生垂乳顶端木质部，蓝色箭头示韧皮射线，黑色箭头示髓射线，三角形箭头示形成层；f. 2年生银杏苗根的形成层，黑色箭头示髓射线，三角形箭头示形成层；g. 1年生银杏苗茎的形成层，三角形箭头示形成层。ph：韧皮部；ca：形成层；xy：木质部

5年生苗木根生垂乳基部的维管形成层明显，由3～5层纺锤状、近扁平的原始细胞构成。每隔3～5列形成层细胞被单列维管射线贯穿，由于射线数量较多，维管形成层不完全连续（图3-14-d）。根生垂乳中部的形成层构成与基部相同，髓射线与韧皮射线在该处连接，使形成层每隔2～5列细胞便被维管射线隔断。垂乳顶端的维管形成层由2～5列扁平的纺锤状原始细胞构成，整个形成层不连续，每隔2～5列细胞便被贯穿维管形成层的单列或多列射线隔断。形成层细胞分裂不一致，形成层细胞最少的仅2层，最多达5层（图3-14-e）。

2年生根的维管形成层由3～5层扁平、纺锤状的原始细胞构成，排列紧密、连续。形成层环上的形成层厚度差别较小。形成层环的部分位置被单列维管射线贯穿（图3-14-f）。

4周生银杏苗维管形成层连续，由3～5层纺锤状细胞紧密排列而形成。1年生茎维管形成层由5层扁平、纺锤状的原始细胞紧密排列而成，形成层环连续，与2年生根基本相同（图3-14-g）。

5. 根生垂乳木质部

2年生银杏苗根生垂乳基部木质部包含初生木质部和次生木质部两部分。初生木质部由管胞、木薄壁组织和木纤维构成。初生木质部在次生木质部内侧，木纤维量少，木薄壁组织含量较大且细胞体积大，是管胞的4～5倍。原生木质部内侧，由口径较小的环纹或螺纹导管组成，管胞多角状。后生木质部居外侧，处于次生木质部和原生木质部之间，管胞呈多角状，口径较大。后生木质部管胞口径约为原生木质部管胞口径的2倍。次生木质部中，管胞由形成层平周分裂形成，成列紧密规则地排列在初生木质部外侧。管胞口径较小。木射线还未完全形成，髓射线与木薄壁细胞填充在木质部之间的空隙中（图3-15-a）。根生垂乳距顶端0.5cm处为初生结构，初生木质部由管胞、木薄壁组织和木纤维组成，木纤维含量很少。原生木质部居内侧，管胞口径大，管胞间由大量体积较大的木薄壁细胞。后生木质部居外侧，与维管形成层相连，细胞壁薄，木薄壁细胞的数量和体积均比原生木质部的小。髓射线明显，由1～2列体积较大的薄壁细胞构成（图3-15-b）。垂乳顶端也为初生结构，初生木质部发育程度比距顶端0.5cm处小，成分组成与距顶端0.5cm的相同。但木薄壁组织含量相对要高。髓射线由单列体积较大的薄壁细胞组成（图3-15-c）。

5年生苗木根生垂乳的基部木质部中次生木质部占绝大部分，初生木质部被

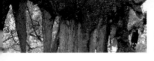
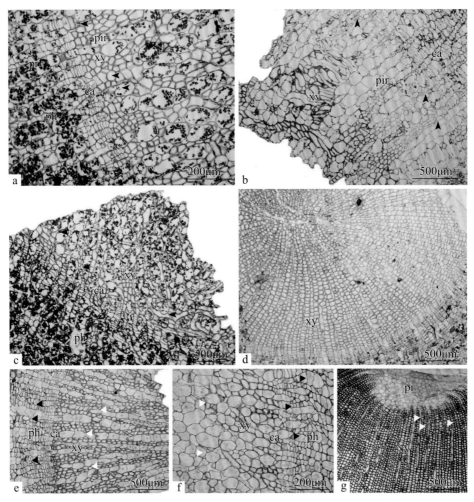

图3-15　根生垂乳木质部

注：a. 2年生银杏苗根生垂乳基部木质部，蓝色箭头示初生木质部，黑色箭头示此生木质部；b. 2年生银杏苗根生垂乳中部木质部，蓝色箭头示初生木质部，黑色箭头示此生木质部；c. 2年生银杏苗根生垂乳顶端木质部，蓝色箭头示初生木质部，黑色箭头示此生木质部；d. 2年生银杏苗根的木质部；e. 5年生银杏苗根生垂乳基部木质部，黑色三角形箭头示韧皮射线，白色三角形箭头示髓射线；f. 5年生银杏苗根生垂乳顶端木质部，黑色三角形箭头示韧皮射线，白色三角形箭头示髓射线；g. 1年生银杏苗茎的木质部，白色三角形箭头示木射线。ph：韧皮部；ca：形成层；xy：木质部；pi：髓；pr：韧皮射线；pir：髓射线

挤到靠近髓的部位。初生木质部由管胞、木薄壁组织和木纤维组成。原生木质部居内侧，管胞口径小，后生木质部居外侧，管胞口径大，但均比2年的原生木质

部管胞口径小。木薄壁组织排列在初生木质部间，其细胞体积是管胞的3～4倍。次生木质部由形成层平周分裂形成，2～5列排在一起，单列髓射线将木质部隔开，射线细胞为薄壁细胞（图3-15-e）。根生垂乳中部，次生木质部所占比例比基部小，木薄壁组织比基部发达，初生木质部明显，其余与基部相同。根生垂乳的顶端为次生结构。同一截面上，不同部位发育程度不同，发育快的部位已经出现原生木质部与后生木质部的分化。原生木质部居内侧，管胞口径小，后生木质部居外侧，管胞口径大，木薄壁组织发达，髓射线将初生木质部隔开（图3-15-f）。

2年生银杏木质部为次生结构，由管胞、木纤维和木薄壁组织组成。管胞口径大小均匀，成列径向排列紧密。木薄壁组织很少，木纤维含量较多。木射线单列、明显，木质部占整个根切面的1/4（图3-15-d）。

4周银杏苗茎的木质部中，初生木质部由口径较大的管胞构成，次生木质部由口径较小均一的管胞构成。木射线发达，由单列细长的薄壁细胞组成。1年生银杏苗木质部为次生木质部，初生木质部比例很小，被挤到近髓的部位。次生木质部占整个茎截面的1/3，由管胞、木薄壁组织和木纤维组成。木纤维量较少，分布不明显。管胞的口径比垂乳的小得多，仅为垂乳次生木质部管胞口径的1/3～1/2，管胞近圆形或方形，成列径向排列紧密。木薄壁细胞细长，呈椭圆形，分布于管胞间，有发育成木射线的趋势。木射线单列、明显，但部分木射线不完全连续，这与射线原始细胞的分化程度有关（图3-15-g）。

6. 根生垂乳髓

2年生银杏根生垂乳基部的髓由体积较大的薄壁细胞组成，髓的面积占整个截面的1/3，髓射线单列、明显（图3-16-a）。距顶端0.5cm处髓的面积占整个截面的1/2，顶端髓的面积占整个截面的2/3。髓中有少量的管胞，口径较大，形状不规则，单个或多个，排列无规律。髓中薄壁细胞排列无规律，中心细胞比外围的大（图3-16-b）。

5年生苗木根生垂乳基部的髓占整个截面面积的1/5，髓心薄壁细胞体积较大，周围较小，形成明显的环髓带。髓射线明显，由单列体积较大的薄壁细胞组成（图3-16-c）。根生垂乳中部的髓面积占整个截面的1/3，顶端占1/2。髓中心的薄壁细胞比近木质部的略大，排列均无规则。有少量管胞，分布在髓中心周围（图3-16-d）。

2年生根中髓面积很小，而在4周生银杏苗根中，髓面积较大，且在髓心存在

初生木质部（图3-16-g）。4周生银杏茎中髓发达，由体积较大的薄壁细胞构成，近木质部的薄壁细胞体积明显小于髓心的，形成环髓带（图3-16-f）。1年生茎中，髓的面积占整个茎截面的1/4，髓心薄壁细胞体积是近木质部处薄壁细胞的2倍左右。环髓带明显，部分茎中还存在髓射线，但长度很短，在木质部中的射线已发育为木射线（图3-16-e）。

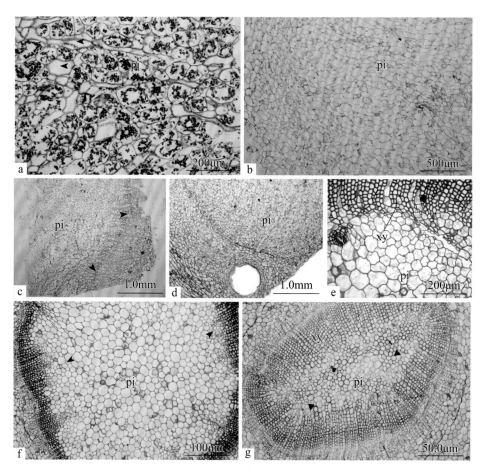

图3-16 根生垂乳的髓

注：a. 2年生银杏苗根生垂乳基部髓，黑色箭头示木质部管胞；b. 2年生银杏苗根生垂乳顶端髓，蓝色箭头示形成层；c. 5年生银杏苗根生垂乳基部的髓，黑色箭头示木质部；d. 5年生银杏苗根生垂乳顶端的髓，蓝色箭头示形成层；e. 1年生银杏苗茎的髓；f. 4周生银杏苗茎的髓，黑色箭头示木质部；g. 4周银杏苗的根的髓，三角形箭头示初生木质部。xy：木质部；pi：髓

第四节　根生垂乳的组织化学

一、根生垂乳淀粉粒

1. 根生垂乳淀粉粒的数量与分布

对9周生银杏苗上的愈伤组织、2年及5年生根生垂乳的显微观察表明：子叶芽愈伤组织中仅在皮层有少量的淀粉粒（图3-18-e）。2年和5年生根生垂乳中，除周皮的木栓层、木栓形成层和木质部的管胞外，其他组织及细胞中均有淀粉粒存在（图3-17-a～图3-17-h；图3-18-a～图3-18-d；图3-19-a～图3-19-h）。在淀粉粒较多的细胞中，淀粉粒散布在整个细胞中，在数量较少的细胞中，淀粉粒沿细胞壁分布（图3-18-e）。

表3-3　2年生根生垂乳基部淀粉粒特性

部位	淀粉粒数			长轴（μm）			短轴（μm）		
	范围	平均数	变异系数（%）	范围	平均数	变异系数（%）	范围	平均数	变异系数（%）
Co	14~46	29.94a	28.55	2.25~14.90	6.63b	5.58	2.29~7.34	4.57b	3.72
Ph	13~37	24.86a	20.43	1.45~16.45	9.40a	2.13	1.03~9.35	5.70a	8.24
Xy	11~70	27.78a	21.53	2.29~1314	6.79b	8.25	1.26~12.85	4.63b	4.53
Pi	12~38	18.83b	7.07	2.84~987	5.47c	3.66	1.59~5.15	3.34c	7.19

注 Co：皮层；Ph：韧皮部；Xy：木质部；Pi：髓。

表3-4　2年生根生垂乳中部淀粉粒特性

部位	淀粉粒数			长轴（μm）			短轴（μm）		
	范围	平均数	变异系数（%）	范围	平均数	变异系数（%）	范围	平均数	变异系数（%）
Co	18~40	24.80ab	20.44	1.82~10.13	5.60ab	9.46	1.31~9.49	3.77ab	26.01

（续）

部位	淀粉粒数			长轴（μm）			短轴（μm）		
	范围	平均数	变异系数（%）	范围	平均数	变异系数（%）	范围	平均数	变异系数（%）
Ph	22~37	32.50a	10.09	2.45~11.21	6.24a	5.45	1.89~7.53	4.08a	6.62
Xy	14~38	21.28b	27.31	1.12~10.79	5.14b	6.42	0.98~5.65	2.82b	6.38
Pi	20~27	22.67b	16.72	2.15~10.25	5.06b	6.32	1.26~5.57	2.83b	3.53

注 Co：皮层；Ph：韧皮部；Xy：木质部；Pi：髓。

表3-5　2年生根生垂乳顶端淀粉粒特性

部位	淀粉粒数			长轴（μm）			短轴（μm）		
	范围	平均数	变异系数（%）	范围	平均数	变异系数（%）	范围	平均数	变异系数（%）
Co	9~39	28.39ab	16.52	2.27~10.97	5.71b	13.31	1.41~7.44	3.29c	11.55
Ph	16~36	24.17b	32.48	2.93~15.78	7.20a	1.81	1.93~9.18	4.76a	6.30
Xy	16~23	26.67ab	11.47	3.32~10.09	6.32b	3.95	3.12~7.49	4.12b	0.48
Pi	27~38	35.67a	8.55	2.82~9.55	6.19b	8.07	2.26~6.32	4.23b	1.66

注 Co：皮层；Ph：韧皮部；Xy：木质部；Pi：髓。

从外观上看，根生垂乳的基部、中部和顶端发育程度均不同。2年生根生垂乳皮层中淀粉粒数量，基部的最多，中部的最少，三部位间差异不显著（P=0.0632）（图3-17-a，e；图3-18-a）。韧皮部中的淀粉粒数，中部的最多，顶端的最少，三部位间差异不显著（P=0.2211）（图3-17-b，f；图3-18-b）。木射线中的淀粉粒数，顶端最多，中部的最小，三部位间差异不显著（P=0.3215）（图3-17-c，g；图3-18-c）。髓中淀粉粒数，顶端的最多，基部的最少，三部位间差异极显著（P=0.0007）（图3-17-d，h；图3-18-d）（表3-3、表3-4、表3-5）。

2年生根生垂乳基部中，皮层、韧皮部、木射线和髓4种组织的薄壁细胞中淀粉粒数差异显著（P=0.0321），皮层薄壁细胞的淀粉粒数最多，髓薄壁细胞的最少（表3-3）（图3-17-a～图3-17-d）。中部，4种组织薄壁细胞中淀粉粒数差异显著（P=0.0476），韧皮部薄壁细胞中淀粉粒数最多，木射线薄壁细胞中的最少（表

3-4）（图3-17-e~图3-17-h）。顶端，4种组织薄壁细胞中淀粉粒数差异不显著（P=0.1681），髓中薄壁细胞的淀粉粒数最多，韧皮部薄壁细胞最少（表3-5）（图3-18-a~图3-18-d）。2年生根生垂乳的基部、中部皮层、韧皮部薄壁细胞淀粉粒数与2年生根的皮层、韧皮部薄壁细胞淀粉粒数差异显著（图3-17-a~图3-17-d）。

表3-6　5年生根生垂乳基部淀粉粒特性

部位	淀粉粒数			长轴（µm）			短轴（µm）		
	范围	平均数	变异系数（%）	范围	平均数	变异系数（%）	范围	平均数	变异系数（%）
Co	30~41	35.00a	15.91	2.15~13.41	6.71a	11.03	1.50~9.05	3.66a	11.21
Ph	12~29	20.06b	12.61	1.59~13.65	5.51ab	18.16	1.26~7.93	4.01a	15.21
Xy	16~27	22.00b	25.32	1.97~7.51	4.68b	13.66	1.24~4.76	2.55b	5.49
Pi	7~17	8.67c	24.00	1.69~5.27	3.04c	28.96	0.8~2.13	1.45c	4.82

注 Co：皮层；Ph：韧皮部；Xy：木质部；Pi：髓。

表3-7　5年生根生垂乳中部淀粉粒特性

部位	淀粉粒数			长轴（µm）			短轴（µm）		
	范围	平均数	变异系数（%）	范围	平均数	变异系数（%）	范围	平均数	变异系数（%）
Co	19~32	22.67a	9.18	2.44~13.42	6.13a	5.38	1.73~8.65	3.38a	12.70
Ph	19~24	22.00a	12.05	2.10~13.12	5.37ab	5.96	2.05~9.12	3.90a	13.59
Xy	15~21	18.67a	17.20	2.01~7.24	4.58bc	13.09	1.31~4.56	2.32b	10.76
Pi	10~17	17.00a	35.76	2.01~6.13	3.77c	13.26	1.67~3.13	2.45b	2.85

注 Co：皮层；Ph：韧皮部；Xy：木质部；Pi：髓。

表3-8　5年生根生垂乳顶端淀粉粒特性

部位	淀粉粒数			长轴（µm）			短轴（µm）		
	范围	平均数	变异系数（%）	范围	平均数	变异系数（%）	范围	平均数	变异系数（%）
Co	12~22	16.06b	10.77	2.05~10.04	5.50b	6.37	1.56~6.08	3.36bc	5.36

（续）

部位	淀粉粒数			长轴（µm）			短轴（µm）		
	范围	平均数	变异系数（%）	范围	平均数	变异系数（%）	范围	平均数	变异系数（%）
Ph	16~41	28.67a	4.40	2.73~18.57	8.13a	29.77	2.15~11.12	4.77a	23.72
Xy	14~20	17.00b	17.65	2.55~9.50	4.85b	9.48	0.80~3.55	2.35c	3.40
Pi	18~30	22.00ab	31.23	2.23~13.65	6.91b	3.62	1.54~4.91	3.84ab	0.52

注 Co：皮层；Ph：韧皮部；Xy：木质部；Pi：髓。

5年生根生垂乳皮层中淀粉粒数，基部的最多，顶端的最少，三部位间差异极显著（P=0.0076）（图3-19-a，e）。韧皮部中的淀粉粒，顶端的最多，基部的最少，三部位间淀粉粒数差异极显著（P=0.0018）（图3-19-b，f）。木射线薄壁细胞中淀粉粒基部最多，顶端最少，三部位间差异不显著（P=0.3753）（图3-19-c，g）。髓中淀粉粒，顶端的最多，基部的最少，三部位间差异显著（P=0.0417）（表3-6、表3-7、表3-8）（图3-19-d，h）。

5年生根生垂乳的基部皮层、韧皮部、木质部和髓中薄壁细胞淀粉粒数差异极显著（P=0.0005），其中，皮层薄壁细胞淀粉粒数最多，髓中薄壁细胞的最少（表3-6）（图3-19-a～图3-19-d）。中部4种组织间淀粉粒数差异不显著（P=0.2892），皮层薄壁细胞淀粉粒数最多，髓中最少（表3-7）。顶端4种组织间淀粉粒数差异显著（P=0.0149），韧皮薄壁细胞淀粉粒数最多，皮层薄壁细胞淀粉粒数最少（表3-8）（图3-19-e～图3-19-h）。

2年生根中，周皮、维管形成层细胞不含淀粉，皮层薄壁细胞相对较少，淀粉粒数量相比2年生根生垂乳的皮层薄壁细胞的要少得多。淀粉粒仅沿细胞壁分布，单个细胞内淀粉粒数量最多为21个，最少5个，平均11个（图3-18-f）。韧皮部中，淀粉粒主要分布于薄壁细胞中，淀粉粒数量与体积均比薄壁细胞中的大，单个细胞中淀粉粒最多20个，最少7个，平均14个（图3-18-g）。根的木质化程度较高，尽在木射线薄壁细胞中存在少量淀粉粒，髓中由初生木质部填充，基本不含淀粉粒。

6周生银杏苗茎中淀粉粒很少。韧皮部中近形成层处的薄壁细胞中淀粉粒沿细胞壁分布，淀粉粒数量少且体积小。皮层薄壁细胞中基本没有淀粉粒，仅在靠近韧皮部的薄壁细胞中有极少淀粉粒。在子叶与茎的连接处的皮层中，存在相对较多的淀粉粒

（图3-18-h）。髓由体积较大的薄壁细胞构成，淀粉粒少且小，均沿细胞壁分布。

2. 根生垂乳淀粉粒形态

（1）根生垂乳淀粉粒形状

系列显微观察表明，2年和5年生根生垂乳中淀粉粒形状差别不大，分为单粒淀粉和复粒淀粉两种类型。其中大部分为单粒淀粉，复粒淀粉数量较少（图3-17-a，b，e，f；图3-18-a，b；图3-19-a，b，e，f）。单粒淀粉粒呈卵圆形、广卵形或近圆形，以卵圆形和广卵形为主（图3-17-a，b）。脐点为点状。复粒淀粉粒由2~3个小粒淀粉粒构成，形状为卵圆形或三角形（图3-19-a，b）。

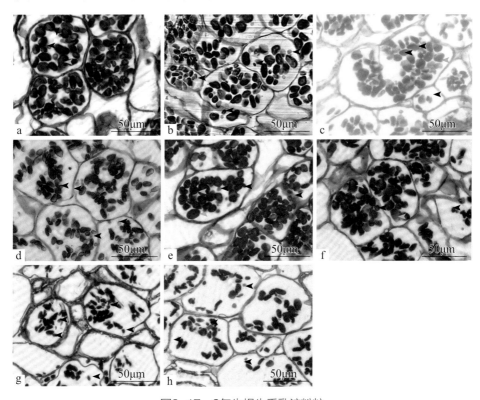

图3-17　2年生根生垂乳淀粉粒

注：a. 基部皮层淀粉粒，蓝色箭头示A型淀粉粒，黑色箭头示C型淀粉粒，其余主要为B型淀粉粒；b. 基部韧皮部淀粉粒，蓝色箭头示A型淀粉粒，黑色箭头示C型淀粉粒，其余主要为B型淀粉粒；c. 基部木射线淀粉粒，蓝色箭头示A型淀粉粒，黑色箭头示C型淀粉粒，其余主要为B型淀粉粒；d. 基部髓中淀粉粒，黑色箭头示C型淀粉粒，其余主要为B型淀粉粒；e. 中部皮层淀粉粒，蓝色箭头示A型淀粉粒，黑色箭头示C型淀粉粒，其余主要为B型淀粉粒；f. 中部韧皮部淀粉粒，蓝色箭头示A型淀粉粒，黑色箭头示C型淀粉粒，其余主要为B型淀粉粒；g. 中部木射线淀粉粒，黑色箭头示C型淀粉粒，其余主要为B型淀粉粒；h. 中部髓中淀粉粒，黑色箭头示C型淀粉粒，其余主要为B型淀粉粒

一般认为淀粉粒层纹的形成是由于它在生长过程中质体周期性活动的结果，由于各层之间的密度及含水量不同，形成了环状纹理，即层纹（陈俊华，1991）。2年和5年生根生垂乳中，较大的淀粉粒层纹清晰（图3-17-a，b），较小淀粉粒的层纹难以分辨（图3-17-g，h）。一个淀粉粒只有一个脐点。

（2）根生垂乳淀粉粒长轴

2年生根生垂乳皮层的淀粉粒长轴最大14.90μm，最小1.82μm。根生垂乳基部、中部和顶端3个部位皮层淀粉粒长轴差异不显著（P=0.1336），基部平均最大，顶端的最小。韧皮部的淀粉粒长轴最大16.45μm，最小仅1.45μm，3个部位韧皮部淀粉粒长轴差异极显著（P=0.0001），基部平均最大，中部的最小。木射线薄壁细胞中淀粉粒长轴最大13.14μm，最小仅1.12μm，3个部位木质部淀粉粒长轴差异极显著（P=0.0059），基部平均最大，中部的最小。髓薄壁细胞中淀粉粒长轴最大10.25μm，最小2.15μm，3个部位髓薄壁细胞中淀粉粒长轴差异显著（P=0.0229），顶端平均最大，中部的最小。

2年生根生垂乳基部4种组织中淀粉粒长轴差异极显著（P=0.0001），韧皮部中淀粉粒长轴最大，髓的最小（表3-3）。中部4种组织淀粉粒长轴差异显著（P=0.021），韧皮部中淀粉粒长轴最大，髓的最小（表3-4）。顶端4种组织淀粉粒长轴差异显著（P=0.0293），韧皮部淀粉粒长轴最大，皮层的最小。

5年生根生垂乳皮层的淀粉粒长轴最大13.42μm，最小2.05μm。根生垂乳基部、中部和顶端3个部位皮层淀粉粒长轴差异显著（P=0.0405），基部平均最大，顶端的最小。韧皮部的淀粉粒长轴最大18.57μm，最小仅1.59μm，3个部位韧皮部淀粉粒长轴差异不显著（P=0.1171），基部平均最大，中部的最小。木射线薄壁细胞中淀粉粒长轴最大9.50μm，最小仅1.97μm，3个部位木质部淀粉粒长轴差异极显著（P=0.0059），顶端平均最大，中部的最小。髓薄壁细胞中淀粉粒长轴最大13.65μm，最小1.69μm，3个部位髓薄壁细胞中淀粉粒长轴差异极显著（P=0.0005），顶端平均最大，基部的最小。

5年生根生垂乳基部4种组织中淀粉粒长轴差异极显著（P=0.0039），皮层中淀粉粒长轴最大，髓的最小（表3-6）。中部4种组织淀粉粒长轴差异极显著（P=0.0012），皮层中淀粉粒长轴最大，髓的最小（表3-7）。顶端4种组织淀粉粒长轴差异显著（P=0.0483），韧皮部中淀粉粒长最大，木质部的最小。

（3）根生垂乳淀粉粒短轴

2年生根生垂乳皮层的淀粉粒短轴最大9.49μm，最小1.31μm。根生垂乳基部、中部和顶端3个部位皮层淀粉粒短轴差异不显著（P=0.1098），基部平均最大，顶端的最小。韧皮部的淀粉粒短轴最大9.35μm，最小仅1.03μm，3个部位韧皮部淀粉粒短轴差异极显著（P=0.0041），基部平均最大，中部的最小。木射线薄壁细胞中淀粉粒短轴最大12.85μm，最小仅0.98μm，3个部位木质部淀粉粒短轴差异极显著（P=0.0001），基部平均最大，中部的最小。髓薄壁细胞中淀粉粒短轴最大6.32μm，最小1.26μm，3个部位髓薄壁细胞中淀粉粒短轴差异极显著（P=0.0001），顶端平均最大，中部的最小。

2年生根生垂乳基部4种组织中淀粉粒短轴差异极显著（P=0.0001），韧皮部中淀粉粒长轴最大，髓的最小（表3-3）。中部4种组织淀粉粒短轴差异显著（P=0.037），韧皮部中淀粉粒长轴最大，木射线的最小（表3-4）。顶端4种组织淀粉粒长轴差异显著（P=0.0293），韧皮部淀粉粒长轴最大，皮层的最小。

5年生根生垂乳皮层的淀粉粒长轴最大9.50μm，最小1.50μm。根生垂乳基部、中部和顶端3个部位皮层淀粉粒短轴差异不显著（P=0.5549），基部平均最大，顶端的最小。韧皮部的淀粉粒短轴最大11.12μm，最小仅1.26μm，3个部位韧皮部淀粉粒短轴差异不显著（P=0.4115），顶端平均最大，基部的最小。木射线薄壁细胞中淀粉粒长轴最大4.76μm，最小仅0.80μm，3个部位木质部淀粉粒短轴差异不显著（P=0.4474），顶端平均最大，基部的最小。髓薄壁细胞中淀粉粒短轴最大4.91μm，最小0.80μm，3个部位髓薄壁细胞中淀粉粒长轴差异极显著（P=0.0001），顶端平均最大，基部的最小（表3-6、表3-7、表3-8）。

5年生根生垂乳基部4种组织中淀粉粒短轴差异极显著（P=0.0001），韧皮部中淀粉粒短轴最大，髓的最小（表3-6）。中部4种组织淀粉粒短轴差异极显著（P=0.0020），韧皮部中淀粉粒短轴最大，木射线的最小（表3-7）。顶端4种组织淀粉粒短轴差异显著（P=0.0067），韧皮部中淀粉粒短轴最大，木质部的最小。

3. 根生垂乳淀粉粒类型

根据Bechtel等（1990）对淀粉粒的分类，根生垂乳淀粉粒分为A型、B型和C型3种类型。

2年生根生垂乳中，皮层、韧皮部及木射线薄壁细胞中均有A型、B型和C型3种类型淀粉粒的分布，髓中没有A型淀粉粒（图3-17-a～图3-17-h；3-18-a～图

3-18-d）（图3-20-a～图3-20-d）。4种组织中均是B型淀粉粒最多，所占比例均在50%以上，其次为C型（图3-17-a～图3-17-h；图3-18-a～图3-18-d）（图3-20-a～图3-20-d）。与皮层和木射线的薄壁细胞相比，韧皮部薄壁细胞中A型淀粉粒所占比例最高，高达22.40%（图3-20-b）（图3-17-b，f；图3-18-b）。髓中C型淀粉粒较多，占36.11%（图3-20-d）（图3-17-d，h；图3-18-d）。

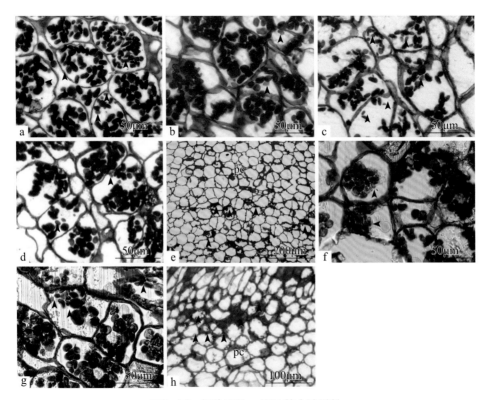

图3-18　根生垂乳、根及茎中淀粉粒

注：a. 2年生银杏苗根生垂乳顶端皮层淀粉粒，蓝色箭头示A型淀粉粒，黑色箭头示C型淀粉粒，其余主要为B型淀粉粒；b. 2年生银杏苗根生垂乳顶端韧皮部淀粉粒，蓝色箭头示A型淀粉粒，黑色箭头示C型淀粉粒，其余主要为B型淀粉粒；c. 2年生银杏苗根生垂乳顶端木射线淀粉粒，黑色箭头示C型淀粉粒，其余主要为B型淀粉粒；d. 2年生银杏苗根生垂乳顶端髓中淀粉粒，黑色箭头示C型淀粉粒，其余主要为B型淀粉粒；e. 9周生银杏苗子叶芽愈伤组织中淀粉粒，黑色箭头示C型淀粉粒；f. 2年生银杏苗根部皮层淀粉粒，蓝色箭头示A型淀粉粒，黑色箭头示C型淀粉粒，其余主要为B型淀粉粒；g. 2年生银杏苗根部韧皮部淀粉粒，蓝色箭头示A型淀粉粒，黑色箭头示C型淀粉粒，其余主要为B型淀粉粒；h. 6周生银杏苗子叶与胚轴连接处皮层淀粉粒，黑色箭头示C型淀粉粒。pc：薄壁细胞

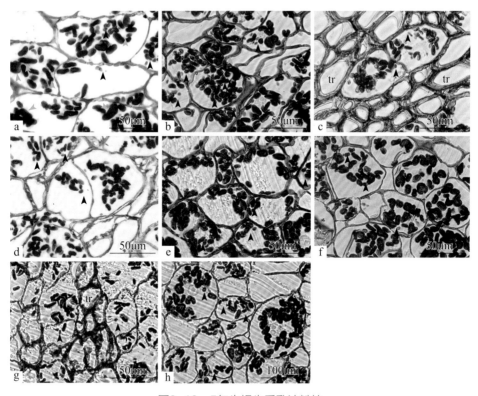

图3-19 5年生根生垂乳淀粉粒

注：a. 5年生银杏苗根生垂乳基部皮层淀粉粒，蓝色箭头示A型淀粉粒，黑色箭头示C型淀粉粒，其余主要为B型淀粉粒；b. 5年生银杏苗根生垂乳基部韧皮部淀粉粒，蓝色箭头示A型淀粉粒，黑色箭头示C型淀粉粒，其余主要为B型淀粉粒；c. 5年生银杏苗根生垂乳基部木射线淀粉粒，黑色箭头示C型淀粉粒，其余主要为B型淀粉粒；d. 5年生银杏苗根生垂乳基部髓中淀粉粒，黑色箭头示C型淀粉粒，其余主要为B型淀粉粒；e. 5年生银杏苗根生垂乳顶端皮层淀粉粒，蓝色箭头示A型淀粉粒，黑色箭头示C型淀粉粒，其余主要为B型淀粉粒；f. 5年生银杏苗根生垂乳顶端韧皮部淀粉粒，蓝色箭头示A型淀粉粒，黑色箭头示C型淀粉粒，其余主要为B型淀粉粒；g. 5年生银杏苗根生垂乳顶端木射线淀粉粒，黑色箭头示C型淀粉粒，其余主要为B型淀粉粒；h. 5年生银杏苗根生垂乳顶端髓中淀粉粒，黑色箭头示C型淀粉粒，其余主要为B型淀粉粒。tr：管胞

　　5年生根生垂乳中，皮层和韧皮部薄壁细胞中均有A型、B型和C型淀粉粒的分布（图3-19-a，b；e，f），B型淀粉粒最多，皮层中B型淀粉粒所占比例达58.33%，韧皮部中则高达60.75%（图3-21-a，b）（图3-19-a，b；e，f）。韧皮部中A型淀粉粒含量比皮层中多（图3-21-a，b）（图3-19-a，b；e，f）。木射线和髓薄壁细胞中仅有B型和C型两种淀粉粒，木射线薄壁细胞中B型淀粉粒占44.27%，

C型占63.36%，髓薄壁细胞中B型淀粉粒仅占7.41%，而C型淀粉粒所占比例则高达92.59%（图3-21-c，d）（图3-19-c，d；g，h）。

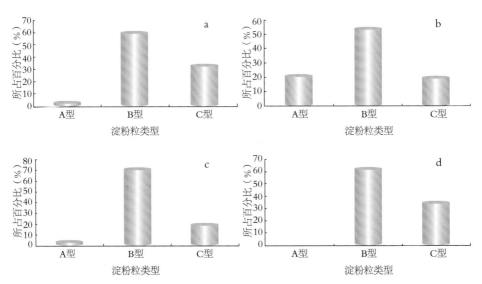

图3-20　2年生根生垂乳不同组织淀粉粒类型及所占比例

注：a. 皮层淀粉粒；b. 韧皮部淀粉粒；c. 木射线淀粉粒；d. 髓部淀粉粒

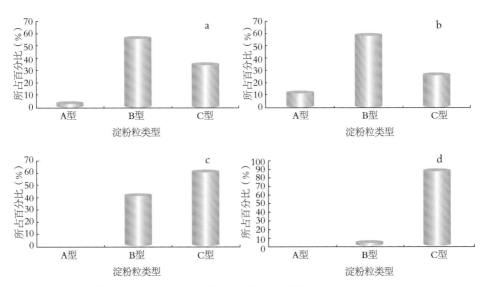

图3-21　5年生根生垂乳不同组织淀粉粒类型及所占比例

注：a. 皮层淀粉粒；b. 韧皮部淀粉粒；c. 木射线淀粉粒；d. 髓部淀粉粒

二、根生垂乳蛋白质和脂肪

1. 根生垂乳蛋白质

系列切片观察表明：2年和5年生根生垂乳中蛋白质含量较少，主要分布于薄壁细胞中。细胞核是蛋白质含量最多的部位，其余较少量的蛋白质分散于整个细胞，无明显的规律。2年生根生垂乳中，薄壁细胞细胞核因含有大量核蛋白而被染成蓝色，在淀粉粒间还存在一定量的基质蛋白。韧皮部薄壁细胞中蛋白质含量较髓和皮层薄壁细胞的多。5年生根生垂乳中，以核蛋白居多，其余蛋白质分布于薄壁细胞中的淀粉粒间。

2. 根生垂乳脂肪

铱酸后固定，苏丹黑B染色结果表明：2年和5年生根生垂乳中具有明显嗜铱性的物质主要分布于分泌腔内。分泌腔发端细胞是小而密集的薄壁细胞，与周围皮层薄壁细胞相比，其嗜铱性明显，胞间隙嗜铱性则更明显。中央细胞溶解时，细胞溶解释放出的物质被苏丹黑B染成黑色。向四周扩散的分泌细胞嗜铱性明显，且嗜铱性脂类物质主要集中在细胞壁上或细胞核周围。分泌腔成熟后，分泌细胞及腔内分泌物均具有强烈的嗜铱性，表明分泌细胞及分泌物中含有大量脂类物质。与周围皮层薄壁细胞相比，鞘细胞也含有较多的黑色嗜铱的脂类物质，但其脂类物质的含量小于分泌细胞及其内含物。

第五节　根生垂乳分泌腔

一、根生垂乳分泌腔的分布与结构

银杏苗木根生垂乳中，分泌腔主要分布在皮层中（图3-22-a）。由根生垂乳的横切面粗视图可见，分泌腔呈环状分布。9周生银杏苗上根生垂乳便有分泌腔产生，分泌腔较小，直径在400μm以下（图3-22-d）。9周、2年和5年生的根生垂乳中均有大量分泌腔的存在，不同发育程度的根生垂乳分泌腔数量不同。成熟的分泌腔是由一层分泌细胞围绕一个圆形或椭圆形的腔道和2～3层鞘细胞构成（图3-22-b）。分泌细胞壁向内突起，分泌腔道内壁在横切面上呈波浪状（图3-22-b，c），分泌腔

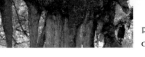

由一层染色较深，但结构不清楚的细胞构成（图3-22-c）。成熟的分泌腔直径最大854.7μm，最小234.0μm，平均为566.7μm。茎中的分泌腔结构与根生垂乳的相同，但腔径较小（图3-22-d）。

二、根生垂乳分泌腔的形成过程

1. 原始细胞团的形成

在根生垂乳中，分泌腔起源于皮层中一团圆形或椭圆形的排列致密的细胞。该原始细胞团的细胞明显小于周围细胞，大小仅为皮层薄壁细胞的1/5，细胞核大，细胞质浓，染色较深。该原始细胞群中，中央细胞近圆形，周围细胞扁圆形，中央细胞比周围细胞小（图3-22-f）。

2. 中央细胞溶解

原始细胞迅速液泡化，细胞体积增大（图3-22-g），中央细胞胞间层膨胀、溶解，形成胞间隙（图3-22-h），随后胞间隙逐渐扩大，形成一个由15～20个分泌细胞构成的不规则腔，此时分泌细胞完整，无破损（图3-22-g，h）。周围细胞向四周移动，鞘细胞继续伸长，为分泌细胞向外移动提供了空间。分泌腔隙扩大到一定阶段，部分分泌细胞向内突起，中央细胞开始溶解，并且脱落于胞间隙中（图3-22-i），分泌腔随中央细胞的不断裂解而逐渐扩大（图3-22-i～图3-22-k）。中央细胞溶解中期，分泌腔的鞘细胞以内，一般还有4～5层分泌细胞组成（图3-22-j）。

3. 分泌腔的成熟

在分化的最后阶段，分泌细胞溶解停止，切向伸长不再进行，分泌腔直径达最大，完整的分泌细胞环形分布在分泌道的周围，分泌腔形成。成熟的分泌腔由1层分泌细胞残体包围着分泌腔和外围2～3层鞘细胞组成（图3-22-1）。银杏根生垂乳的分泌腔的发育具有显著的不同步性（图3-22-e）。

三、根生垂乳顶端分泌腔

纵切面上，根生垂乳的顶端不存在像茎顶端一样的典型分生组织，但在其顶端形成层与髓射线交界处产生不定芽（图3-10-a）。系列切片表明，不定芽具明显顶端分生组织，但叶原基分化不明显（图3-10-b），在其顶端分生组织中存在不同发育状态的分泌腔（图3-10-c）。分泌腔的形成逐渐使不定芽的分生组织失去旺盛的分裂能力，在韧皮部与皮层之间形成一个分泌腔集中发生的区域，且该区域的形状整体保持不定芽的顶端突起状，即"锥状"突起（图3-10-d～3-10-f）。不定芽的顶端分生组织是分泌腔发生最为活跃且分泌腔数量最多的区域。

四、根生垂乳分泌腔的组织化学

1. 原始细胞团形成阶段

分泌腔发生部位的皮层薄壁细胞中含有大量淀粉粒（图3-22-f）。分泌腔原始细胞团中细胞较小，分泌细胞中不含淀粉粒（图3-22-f）或含少量淀粉粒。锇酸后固定，苏丹黑B染色显示，原始细胞团被染成黑色，具有明显的嗜锇性，说明该部分原始细胞中脂类物质丰富（图3-23-a），考马斯R-250染色后，细胞中细胞核呈蓝色，核蛋白丰富。

2. 中央细胞溶解时期

中央细胞溶解前，皮层薄壁细胞中淀粉粒含量比原始细胞团时期的多（图3-22-g），分泌细胞高度液泡化，淀粉粒含量较少（图3-22-g），考马斯R-250染色显示，中央细胞的细胞核较大，靠近分泌腔中心位置的染色较深，说明中央细胞蛋白质含量丰富（图3-23-g）。此时期的原始细胞团中央细胞因高度液泡化而嗜锇性不强，但鞘细胞却表现出了较强嗜锇性（图3-23-a）。分泌细胞胞间隙扩大阶段，分泌细胞均呈现嗜锇性（图3-23-b）。胞间隙扩大到一定程度，中央细胞开始溶解，整个分泌腔细胞染色比周围细胞深，表现出嗜锇性，靠近中心的分泌细胞比靠近薄壁细胞的染色略浅（图3-23-c，d），中央细胞溶解形成的空腔中有被染成黑色的嗜锇物质，表明分泌细胞分泌的物质中有脂类物质。向四周溶解的中央细胞释放出大量的蛋白质类物质（图3-23-h），且随分泌腔的增大，分泌腔中蛋白质增多（图3-23-i）。分泌细胞中有淀粉粒，其含量比周围皮层薄壁细胞中的少，分泌细胞淀粉粒比皮层薄壁细胞中的小（图3-22-j）。

3. 分泌腔成熟期

分泌细胞停止溶解后，分泌腔分泌细胞结构不明显，细胞壁向内突起，几乎不含淀粉粒或含少量较小的淀粉粒（图3-22-l）。鞘细胞中含有淀粉粒，但其淀粉粒数量远小于周围皮层薄壁细胞中淀粉粒数量。成熟的分泌腔经苏丹黑B染色后，鞘细胞染色较浅，脂类物质较少，分泌细胞染色较深，呈黑色，表明分泌物有大量嗜锇的脂类物质（图3-23-d，e）。成熟的分泌腔中蛋白质类物质较少。

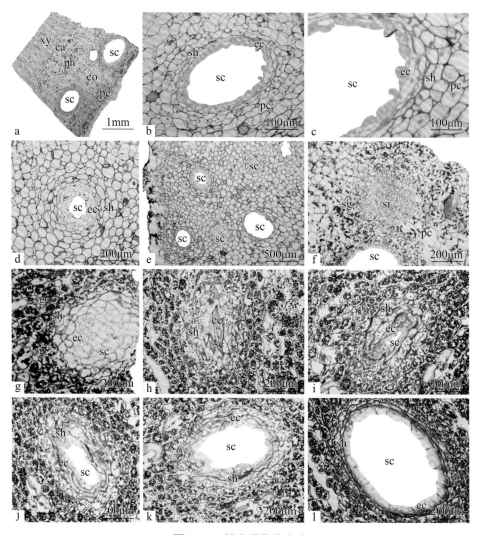

图3-22　根生垂乳分泌腔

注：a. 分泌腔在根生垂乳横切面的分布；b. 成熟的分泌腔；c. 成熟分泌腔结构；d. 银杏幼苗茎中分泌腔的结构；e. 根生垂乳原始体中的分泌腔；f. 分泌腔原始细胞团；g. 中央细胞高度液泡化，但无破损；h. 分泌腔原始细胞胞间隙形成；i. 中央细胞开始溶解；j. 不规则空腔形成；k. 分泌腔逐渐增大；l. 完整的分泌细胞环形分布在分泌道的周围，分泌腔形成。a~c、f~l为2年生银杏苗根生垂乳横切面的分泌腔；d为9周生银杏苗茎横切面的分泌腔；e为9周生银杏苗根生垂乳横切面的分泌腔。pe：周皮；co：皮层；ph：韧皮部；ca：形成层；xy：木质部；pc：薄壁细胞；sc：分泌腔；sh：鞘细胞；ec：分泌细胞；si：分泌腔原始细胞团；sg：淀粉粒

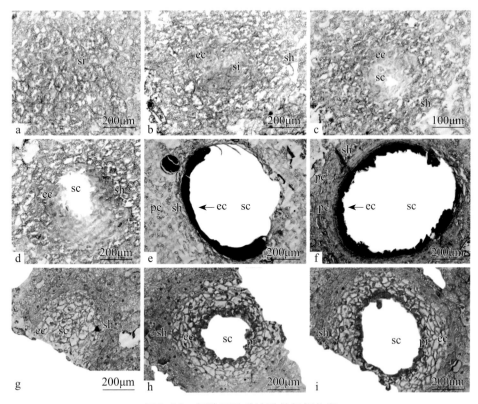

图3-23　根生垂乳分泌腔的组织化学

注：a. 分泌腔原始细胞团具有明显嗜铷性；b. 胞间隙形成阶段分泌细胞嗜铷性明显；c. 中央细胞溶解时，近中心处细胞嗜铷性比周围分泌细胞略小；d. 分泌腔逐渐增大，嗜铷性强的细胞在周围密集排列；e~f. 成熟分泌腔内分泌细胞和分泌物均具有较强嗜铷性；g. 高度液泡化的分泌细胞中细胞核大，核蛋白丰富；h. 分泌细胞溶解时，分泌腔内蛋白质较多；i. 随分泌腔增大，蛋白质增多。a~i均示2年生银杏苗根生垂乳横切面分泌腔的组织化学。pc：薄壁细胞；sc：分泌腔；sh：鞘细胞；ec：分泌细胞；si：分泌腔原始细胞团；pr：蛋白质

第四章

垂乳银杏
遗传多样性

第一节　垂乳银杏的取材及DNA提取

一、垂乳银杏的取材

作者于2013年5月份采集山东省泰安市药乡林场银杏苗圃垂乳银杏嫁接苗的无病斑嫩叶作为实验材料，共计14份（表4-1）。用装有变色硅胶的自封袋保存，保存过程中翻动2～3次，以保证叶片在12h之内完全干燥，用于DNA提取。

表4-1　垂乳银杏试验材料编号及来源

序号	种质	来源	序号	种质	来源
C1	TC4	云南腾冲	C8	TC11	云南腾冲
C2	TC5	云南腾冲	C9	TC12	云南腾冲
C3	TC6	云南腾冲	C10	WY1	四川万源
C4	TC7	云南腾冲	C11	WY2	四川万源
C5	TC8	云南腾冲	C12	WY3	四川万源
C6	TC9	云南腾冲	C13	WY4	四川万源
C7	TC10	云南腾冲	C14	`12-1	日本

二、垂乳银杏DNA的提取及检测

AFLP分子标记对基因组DNA的提取质量要求很高，银杏叶片组织中富含黄酮、酚、多糖等物质，所以在提取DNA时，应尽量除去这些物质，特别是酚类物质，基因组DNA质量直接与酶切，预扩增与选择性扩增的结果及条带的清楚度密切相关，只有提取的DNA纯度达到一定要求时才能进行后续试验，因此本试验提取垂乳银杏DNA采用了改进的CTAB法。所提取的DNA经0.8%的琼脂糖凝胶检测，所得到的谱带清晰（图4-1），垂乳银杏基因组DNA主带明显，无明显弥散条带，且各材料之间条带大小基本一致，表明提取的DNA比较完整，没有明显降解。不同材料，其DNA提取的量不同，经紫外分光光度计检测，OD260/OD280值大都在1.74～1.90之间，OD260/OD230大于2.0，浓度在500～1300ng/μL之间，表明所提取的基因组DNA完整性好，纯度较高，符合后续研究需要。

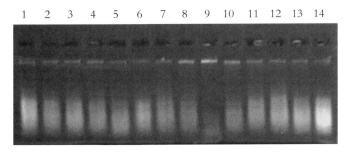

图4-1　垂乳银杏基因组DNA结果检测图

注：1~14. 提取的垂乳银杏基因组DNA

第二节　垂乳银杏AFLP的技术流程

AFLP分析流程参照宋佳（2007）的cDNA-AFLP方法并经修改进行，用 *Pst* I+*Mse* I，（Fermentas Lithuanian）内切酶组合对基因组DNA进行酶切、连接、预扩增、选择性扩增、4%聚丙烯酰胺凝胶电泳、银染检测、读带和数据整理。*Pst* I和*Hpa* II（*Msp* I）接头及引物序列见表（表4-2）。所有接头与引物序列均委托生工生物工程（上海）股份有限公司合成。

表4-2　AFLP分析的接头和引物序列

接头和引物（5′→3′）	接头和引物序列
接头（5′→3′）	
Pst I接头（正向）	5′-CTCGTAGACTGCGTACAT GCA-3′
Pst I接头（反向）	5′-TGT ACGCAGTCTAC-3′
Mse I接头（正向）	5′-GACGATGAGTCCTGA G-3′
Mse I接头（反向）	5′-TACTCAGGACTCAT-3′
预扩增引物（5′→3′）	

（续）

Pst I	5′-GACTGCGTACATGCAG-3′
Mse I	5′-GATGAGTCCTGAGTAAC-3′
选扩增引物组合（5′→3′）	
Pst I +AA	5′-GACTGCGTACATGCAGAA-3′
Pst I +AC	5′-GACTGCGTACATGCAGAC-3′
Pst I +AG	5′-GACTGCGTACATGCAGAG-3′
Pst I +AT	5′-GACTGCGTACATGCAGAT-3′
Pst I +TA	5′-GACTGCGTACATGCAGTA-3′
Pst I +TC	5′-GACTGCGTACATGCAGTC-3′
Pst I +TG	5′-GACTGCGTACATGCAGTG-3′
Pst I +TT	5′-GACTGCGTACATGCAGTT-3′
Mse I +AA	5′-GATGAGTCCTGAGTA ACAA-3′
Mse I +AC	5′-GATGAGTCCTGAGTA ACAC-3′
Mse I +AT	5′-GATGAGTCCTGAGTA ACAG-3′
Mse I +AA	5′-GATGAGTCCTGAGTA ACAT-3′
Mse I +TA	5′-GATGAGTCCTGAGTA ACTA-3′
Mse I +TC	5′-GATGAGTCCTGAGTA ACTC-3′
Mse I +TG	5′-GATGAGTCCTGAGTA ACTG-3′
Mse I +TT	5′-GATGAGTCCTGAGTA ACTT-3′

在预扩增条带上增加的碱基数量越多，碱基结合的概率越低，在预备试验中，我们在预扩增增引物的基础上增加两个碱基进行选扩，选扩后跑PAGE，能够扩增出较多的多态性带来。

一、限制性酶切及连接反应

通过CTAB法得到DNA，将其浓度调整为50ng/μL，酶切与连接同时进行。为保证酶切片段大小均匀，采用双酶切，限制性内切酶是*Pst* I和*Mse* I。酶切体系如表4-3。

表4-3　DNA酶切连接反应体系

组分	体积（μL）
DNA模板（50ng/μL）	4
Pst I接头（5μm）	0.5

（续）

组分	体积（μL）
Mse I接头（50μm）	0.5
Pst I（10 10U/μL）	1.0
Mse I（10 10U/μL）	1.0
10×reaction buffer	2.5
10mm ATP	2.5
T4Ligase	1
ddH$_2$O	7

混匀离心数秒37℃保温5h，8℃保温4h，4℃过夜。

二、基因组DNA的预扩增

1. 基因组DNA的预扩增体系与条件

DNA酶切片段加上接头后，进行一次PCR扩增，使用预扩增引物扩增是为了给后续的选择性扩增提供大量的充足的模板。由于预扩增反应体系涉及的因素较多，对扩增结果影响不同，同时这些因素还存在交互作用，故对其进行条件的优化。

下面为优化的预扩增体系及反应条件（表4-4）：

表4-4 预扩增体系

组分	体积（μL）
连接产物	2.0
10×*Taq* PCR buffer·	2.5
dNTPs（10mmol/L）	0.5
Pst I-预扩增引物（10μmol/L）	0.5
Mse I-预扩增引物（10μmol/L）	0.5
Taq DNA（2U/μL）	0.5
RNase free ddH$_2$O	补充至18.5

PCR仪内扩增程序如下：

Step1	94℃	2min
Step2	94℃	30s
Step3	56℃	30s
Step4	72℃	1.5min
Step5	go to step 1	30cycles
Step6	72℃	5min

2. 预扩增产物定量

扩增后的样品用紫外分光光度计测定A_{260}以计算产物浓度，依据浓度用$1 \times TE$溶液稀释预扩产物至1ng/μL作为下一步选择性扩增的模板。

三、基因组DNA的选择性扩增

预扩检验理想后，取5μL预扩产物稀释20倍后作为选扩增模板，进行选扩。选择性扩增的反应体系如表4-5所示：

表4-5　选择性扩增体系

组分	体积（μL）
预扩增产物（1：20dilution）	5.0
10×PCR buffer	2.5
dNTPs（10mm）	0.5
Pst I--选扩增引物（10μm）	1.0
Mse I-选扩增引物（10μm）	1.0
Taq DNA（2U/μL）	0.5
RNase free ddH₂O	补充至25

PCR仪内扩增程序如下：

选择性扩增是在极为复杂的模板中进行相对特异的扩增，所以在初期的几个循环中对退火温度要求十分严格。这里采用了经典的降落PCR的策略，即第一个热循环的退火温度设置为65℃，此后每个循环递减0.7℃，具体热循环参数如下：

PCR仪内扩增程序如下：

Step1	94℃		30s
Step2	65℃（每个循环降低0.7℃）		30s
Step3	72℃		1.5min

Step4	go to step 1	12cycles
Step5	94℃	30s
Step6	56℃	30s
Step7	72℃	1.5min
Step8	go to step 5	23cycles
Step9	72℃	5min

四、PAGE制作与条件筛选

取2μL选择性扩增产物及0.2μL荧光标记ROX500内标作为marker进行4%聚丙烯酰胺凝胶电泳。4%聚丙烯酰胺凝胶电泳的配方见表4-6。

洗净测序板，确保测序板上没有凝胶颗粒，等到测序板晾干后，在水平桌面上灌胶，排除测序板中的气泡，胶灌好后，插入梳子平面。等到胶凝固后，轻轻拔掉梳子，再用纯净水洗测序板，最后用温热水冲洗一次，以便去除灌胶时粘在板上的丙烯酰胺，尿素。把测序板装在测序仪上，确认测序门关好。然后在电脑上按照相应的软件进行操作，电泳大约1h，小片段会先跑到胶的底部，测序仪激光管开始收集条带。

表4-6　4%变性PAGE胶配方

4%变性胶配方	含量
尿素	152.1L
丙烯酰胺	17.2g
甲叉	0.6g
10×TBE	42mL定溶到420.0mL

五、读带及分析

聚丙烯酰胺凝胶电泳的图谱经ABI PRISM 377 sequencer测序仪检测片段大小，GENESCAN软件通过内参对泳道进行一定程度校正，然后根据荧光信号和片段泳动的位置，可以得到片段的原始大小。将原始数据中有带的换成"1"，无带的换成"0"，构建"01"矩阵，然后根据"01"矩阵，将在凝胶上显示清晰的谱带进行记载。

第三节　垂乳银杏AFLP的分析

一、酶切连接结果

酶切连接后DNA条带弥散均匀（图4-2），表明酶切完全，产物符合进行预扩增的要求。

我们使用限制性内切酶*Pst* I和*Mse* I对纯化的模板DNA采用优化的酶切连接体系进行充分酶切同时连上接头。取酶切连接产物5μL在1.5%琼脂糖凝胶上电泳检测，结果如图4-2所示，在两个酶切泳道中均有弥散，达到了预期酶切效果。

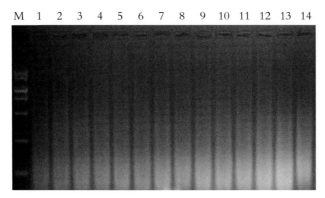

图4-2　垂乳银杏基因组DNA双酶切及连接的电泳检测结果

注：1~14. 提取的垂乳银杏基因组DNA；M：DL2000 Marker

二、预扩增结果

在AFLP预扩增中选择*Pst* I+A和*Mse* I+C为预扩增引物，由于仅含一个选择性碱基，所以选择性较低。通过预扩增反应，不仅检测了酶切连接的结果的好坏，也为选择性扩增的顺利进行提供了模板。如图4-3是预扩增条带呈弥散型分布。

图4-3　垂乳银杏基因组DNA预扩增电泳图

注：1~14. 提取的垂乳银杏基因组DNA；M：DL2000 Marker

三、垂乳银杏AFLP的选择性扩增结果及多态性分析

从64对引物（表4-7）中选出8对多态性较好的引物组合用于垂乳银杏AFLP的选择性扩增，选出的8对引物为：P-GAA/M-CAG、P-GAA/M-CTG、P-GAC/M-CAC、P-GAC/M-CTA、P-GAC/M-CTC、P-GAC/M-CTG、P-GAG/M-CTG、P-GAT/M-CAG。进行选择性扩增。

表4-7　64对选扩增引物组合

Pst I ＼ Mse I	1	2	3	4	5	6	7	8
A	GAA/CAA	GAA/CAC	GAA/CAG	GAA/CAT	GAA/CTA	GAA/CTC	GAA/CTG	GAA/CTT
B	GAC/CAA	GAC/CAC	GAC/CAG	GAC/CAT	GAC/CTA	GAC/CTC	GAC/CTG	GAC/CTT
C	GAG/CAA	GAG/CAC	GAG/CAG	GAG/CAT	GAG/CTA	GAG/CTC	GAG/CTG	GAG/CTT
D	GAT/CAA	GAT/CAC	GAT/CAG	GAT/CAT	GAT/CTA	GAT/CTC	GAT/CTG	GAT/CTT
E	GTA/CAA	GTA/CAC	GTA/CAG	GTA/CAT	GTA/CTA	GTA/CTC	GTA/CTG	GTA/CTT
F	GTC/CAA	GTC/CAC	GTC/CAG	GTC/CAT	GTC/CTA	GTC/CTC	GTC/CTG	GTC/CTT
G	GTG/CAA	GTG/CAC	GTG/CAG	GTG/CAT	GTG/CTA	GTG/CTC	GTG/CTG	GTG/CTT
H	GTT/CAA	GTT/CAC	GTT/CAG	GTT/CAT	GTT/CTA	GTT/CTC	GTT/CTG	GTT/CTT

图4-4为引物组合P-GAC/M-CTA的选择性扩增结果，图谱显示扩增多态性好，信号强度高，易于分辨，适合进行垂乳银杏遗传多样性统计分析。

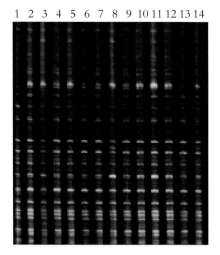

1 2 3 4 5 6 7 8 9 10 11 12 13 14

图4-4　*P*-GAC/*M*-CTA扩增的垂乳银杏AFLP图谱

注：1~14. 垂乳银杏14个种质

筛选出的8对选扩增引物进行选择性扩增，共产生935条谱带（表4-8），平均每对引物扩增产生117.88条谱带，其中多态带为920条，平均多态带比例为98.40%，不同引物的多态带比例介于97%~100%之间。不同引物产生的谱带数量存在一定的差异，其中*P*-GAA/*M*-CTG引物产生的谱带最多（153条），而*P*-GAC/*M*-CTA引物产生的谱带最少（91条）。每对引物的鉴别效率为100%。由此可见：所选择的引物在垂乳银杏间表现了较高的多态性水平，亦说明AFLP是一种十分有效的分析垂乳银杏遗传多样性的方法。

表4-8　AFLP选择性扩增引物产生的条带多态性

引物组合	总带数（条）	多态带数（条）	多态带比例（%）
P-GAA/*M*-CAG	100	97	97.00
P-GAA/*M*-CTG	153	150	99.34
P-GAC/*M*-CAC	101	101	100.00
P-GAC/*M*-CTA	91	86	94.51
P-GAC/*M*-CTC	128	128	100.00
P-GAC/*M*-CTG	129	127	98.45
P-GAG/*M*-CTG	117	116	99.15
P-GAT/*M*-CAG	116	115	99.14

（续）

引物组合	总带数（条）	多态带数（条）	多态带比例（%）
合计	935	920	
平均	117.875	115	98.40

运用POPGENE version 1.31软件对各位点观测的Na、Ne、H、I进行统计分析（表4-9）。14份垂乳银杏种质观测等位基因数（Na）平均值为1.9816，有效等位基因数（Ne）平均值为1.4579，Nei's基因多样性（H）平均值为0.2765，Shannon信息指数（I）平均值为0.4293。由此可见8对引物在所分析的垂乳银杏资源中多态性好，垂乳银杏的遗传多样性处于一个较高的水平。

表4-9　基于不同引物组合的垂乳银杏遗传多样性水平

引物组合	观测等位基因数	有效等位基因数	Nei's基因多样性	Shannon信息指数
P-GAA/*M*-CAG	1.9600	1.5048	0.3014	0.4598
P-GAA/*M*-CTG	1.9804	1.4013	0.2475	0.3913
P-GAC/*M*-CAC	2.0000	1.5263	0.3157	0.4817
P-GAC/*M*-CTA	1.9451	1.3762	0.2318	0.3666
P-GAC/*M*-CTC	2.0000	1.4296	0.2674	0.4211
P-GAC/*M*-CTG	1.9845	1.4673	0.2857	0.4416
P-GAG/*M*-CTG	1.9915	1.4587	0.2769	0.4303
P-GAT/*M*-CAG	1.9914	1.4698	0.2858	0.4419
平均	1.9816	1.4579	0.2765	0.4293

四、垂乳银杏种质资源的特异性位点

分析8对引物对14份垂乳银杏种质资源的电泳条带，产生210个特异性条带（包括单态带和缺失带）（表4-10），其中缺失带34条，占特异性总条带的16.19%。不同的垂乳银杏产生的特异性条带不同，C3产生的特异性条带最多，达到了47条，其中包括7条缺失带；其次是C7，达到了22条，其中包括4条缺失带。不同的引物组合产生的特异性条带也不相同，产生特异性条带最多的是*P*-GAA/*M*-CTG，共产生44条特异性条带，有3条缺失带；产生特异性条带最少的是*P*-GAC/*M*-CAC，共产生12条特异性条带，有3条缺失带。

表4-10　基于不同引物组合的垂乳银杏种质的特异位点

引物编号	P-GAA/M-CAG	P-GAA/M-CTG	P-GAC/M-CAC	P-GAC/M-CTA	P-GAC/M-CTC	P-GAC/M-CTG	P-GAG/M-CTG	P-GAG/M-CTG	合计
C1	1（1）					1	2	3（1）	7（2）
C2	1	1			1	1	1	1	6
C3	1	14（1）		29（6）		2		1	47（7）
C4		9	3	2	3	4	1	1	23
C5							2	1	3
C6	2		2（1）		2	2			8（1）
C7	1	14（2）		1	1	5（2）			22（4）
C8	2（1）	1							4（1）
C9			1				2	1	4
C10	2		2（2）	1	5	5（2）	1		16（4）
C11	4（3）		1	1	6（1）		3（2）	1	16（6）
C12	2（1）			3（1）		4（1）	1	7（4）	19（7）
C13			1		1	1	7（1）	10	20（1）
C14		5	1	1	1	4（1）	2	1	15（1）
合计	16（6）	44（3）	12（3）	38（7）	22（1）	29（6）	22（3）	27（5）	210（34）

注：2（1）−2表示总特异性条带数量（包括单态带和缺失带），（1）表示缺失带的数量。

五、垂乳银杏种质资源的遗传多样性

利用8对AFLP引物组合对14份垂乳银杏种质资源进行多态性分析，发现不同的垂乳银杏种质资源的多态带数和多态带比例差异不大（表4-11）：多态带比例最高的为C3，多态带411条，多态带比例达到45.85%。整体的平均多态带比例为39.89%。说明这些种质资源多态性好、遗传变异较丰富。

表4-11　不同垂乳银杏种质资源多态性的比较

代号	多态带数	多态带比例（%）	代号	多态带数	多态带比例（%）
C1	322	35.37	C8	367	40.39
C2	363	39.86	C9	371	40.82
C3	411	45.85	C10	307	33.70
C4	390	43.13	C11	311	34.17
C5	382	42.22	C12	320	35.16
C6	381	42.14	C13	399	43.71
C7	393	43.53	C14	350	38.35

六、垂乳银杏种质资源的相似性

不同种质间的遗传相似系数在0.4404～0.7299之间，平均值为0.4752。C1与C2的遗传相似系数最大（0.7299），说明二者的亲缘关系最相近，遗传差异性最小。C7与C12的遗传相似系数最小（0.4404），说明二者的亲缘关系最远，差异性最大。C2与其他垂乳银杏种质的相似性系数平均值最大（0.6386）；C10与其他垂乳银杏种质的相似性系数平均值最小（0.5060），说明C10与其他种质相似性低，亲缘关系远。

七、垂乳银杏种质资源的聚类分析

将14个垂乳银杏种质进行UPGMA聚类（图4-5），在相似系数0.51处，供试材料分为两大类：I类包括13个种质；II类包括1个种质，即WY1。在相似系数0.60处，可将垂乳银杏分为5类：第1类包括4个种质，即C1、C2、C9、C13；第2类包括6个种质，即C3、C4、C5、C6、C7、C8；第3类包括2个种质，即C11、C14；第4类包括1个种质，即C12；第5类包括1个种质，即C10。

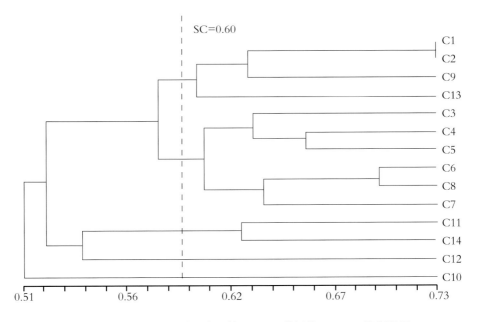

图4-5　14个垂乳银杏种质资源基于AFLP分析的UPGMA聚类结果

八、垂乳银杏种质资源基于AFLP的主坐标分析

基于DICE遗传相似矩阵（GS），通过主坐标分析构建垂乳银杏种质资源的三维分布图以进一步了解种质间的遗传关系（图4-6）。结果显示第1主分量特征值为0.9414，贡献率16.40%；第2主分量特征值为0.5673，贡献率为9.88%；第3主分量特征值为0.5323，贡献率为9.27%，前三个主分量累计贡献率达到35.55%。从图4-6可以看出，来自云南腾冲的垂乳银杏种质较为聚拢，来自四川万源的垂乳银杏种质较为分散；其中C10种质与其他种质关系较远。主坐标分析结果与UPGMA聚类分析结果基本一致。

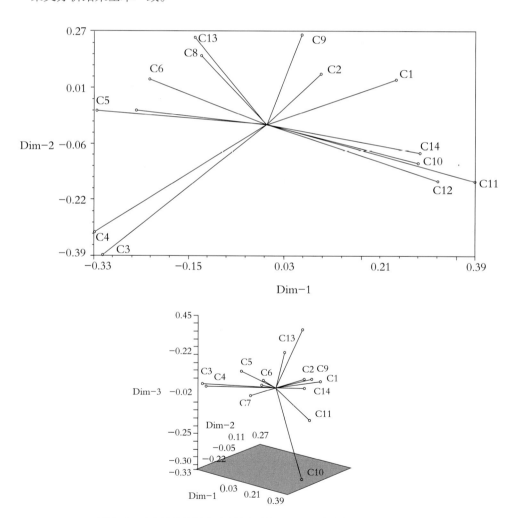

图4-6　14个垂乳银杏种质资源基于AFLP的主坐标分析

第四节　垂乳银杏种质资源的DNA指纹
图谱及分子检索表

一、垂乳银杏种质资源的DNA指纹图谱

本研究中，各对引物的鉴别效率均为100%。参照电泳图片和表4-4的分析结果，以扩增条带清晰、稳定、多态性位点较多、多态性位点百分率和Nei's遗传多样性指数较高为标准，筛选出P-GAC/M-CAC作为构建垂乳银杏种质DNA指纹图谱的核心引物组合。

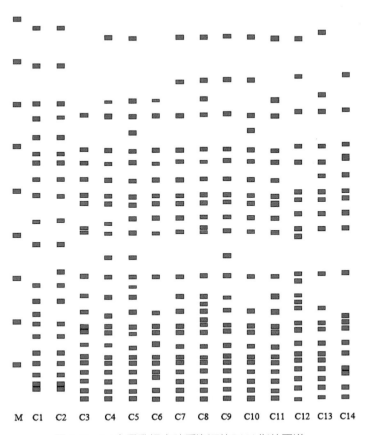

图4-7　14个垂乳银杏种质资源的DNA指纹图谱

利用曹永生等编写的指纹图谱自动识别系统Gel2.0对核心引物组合扩增的胶图进行识别处理，以50bp Marker为参照，建立了垂乳银杏种质的标准DNA指纹图谱。图4-7为核心引物对14个垂乳银杏种质资源扩增的指纹图谱，最左边的条带为Marker。在进行垂乳银杏种质鉴定时，先提取待测样品的基因组DNA，利用这核心引物组合对待测样品进行PCR扩增，得到的胶图经Gel2.0自动识别后与标准图谱进行比对，即可鉴定出待测样品的品种。经验证，在相似率为95%时，本图谱的鉴别准确率在100%，故用其对垂乳银杏种质进行鉴定是可行的。

二、垂乳银杏种质资源的分子标记检索表

传统的品种分类方法大多基于植物学特征、生物学特征和丰产特性的性状来划分品种，难于标准化，品种的早期鉴定只能依据形态学特征，难以确切地区分和鉴定品种。

种质资源各无性系品种的分子鉴别基于各品种的标记基因型，即DNA指纹。生产实践中一般采用二倍组织，即营养体来鉴别品种，各品种的基因组DNA扩增的特异谱型。品种DNA指纹数据库及其标准化是品种鉴定、特异性检验、新品种专利保护和利用的重要依据。这些研究方法和结果对植物种质资源遗传多样性的分析、植物新品种保护以及种苗质量仲裁检验等有理论意义和实践价值。

分子检索是鉴别垂乳银杏种质单株的有效方法，本研究使用引物组合 *P*-GAC/*M*-CAC来区分不同垂乳银杏单株（表4-12）。

表4-12　垂乳银杏单株的分子标记检索表（P-GAC/M-CAC）

1. 有238bp... C4、C5、C6、C7、C8、C10、C13
  2. 有232bp...C5、C6、C7、C13
    3. 有338bp...C5、C6
      4. 有378bp..C5
      4. 无378bp..C6
    3. 无338bp.. C7、C13
      5. 有382bp..C13
      5. 无382bp..C7
  2. 无232bp... C4、C8、C10

6.　有244bp ·· C4、C8

　7.　有260bp ·· C8

　7.　无260bp ·· C4

6.　无244bp ··· C10

1.　无238bp ·································· C1、C2、C3、C9、C11、C12、C14

　8.　有140bp ······································· C1、C2、C3、C11

　9.　有250bp ·· C2、C11

　10.　有204bp ·· C2

　10.　无204bp ·· C11

　9.　无250bp ·· C1、C3

　11.　有186bp ·· C3

　11.　无186bp ·· C1

　8.　无140bp ······································· C9、C12、C14

　12.　有146bp ······································· C12、C14

　13.　有150bp ·· C12

　13.　无150bp ·· C14

　12.　无146bp ·· C9

第五章

垂乳银杏
开发与利用

一、垂乳盆景制作

垂乳通常垂直向下生长，在春季树体发芽之前，用快刀从基部切下，并插入疏松、通气的土壤或花盆内，然后置于适宜的温度、水分及光照条件下，当年即可成活生长。由于垂乳数量少、繁殖系数低，目前仅在银杏盆景制作等方面有所应用，还未能批量生产。国家邮电部于1981年发行的一套"盆景邮票"中，就选用了一盆名为"活峰破云"的银杏盆景作为邮票图案。该盆景取材于古银杏树上形成的垂乳，侧立于盆中，下部粗如碗口，上部渐细且自然封顶，犹如钟乳石笋。其上有虬劲盘旋的枝条，缭绕于树身前后，一簇簇一层层的碧绿叶片犹如飘浮的云彩；树身则如冲破云层的山峰，意境隽永，令人称奇（图5-1、图5-2）。

图5-1　垂乳盆景邮票（1981）

二、人工垂乳诱导

受银杏枝经外界刺激易生垂乳的启发，江苏泰兴袁子祥和山东沂源董春耀等先后在幼苗上利用绑扎、伤枝、刀刻等方法使人工诱乳获得成功（图5-3）。诱导的垂乳已长达3.5cm，直径1.5cm，其中一株因移栽时偶然改变了垂乳的方向，当年垂乳先端即抽生了新梢。通常可采用以下三种方法中的一种来产生垂乳盆栽：

图5-2　四川都江堰市都江堰离堆公园门口西银杏垂乳古树大盆景（上）；由基生垂乳（椅子根）分生的盆景（下）

图5-3　人工诱生垂乳银杏

注：右. 母树20年生，垂乳8年生；左. 垂乳盆景

①从长基生垂乳的银杏树上对相对大的枝条进行空中压条（air layering）；②从垂乳银杏上取下接穗嫁接到砧木上；③对垂乳银杏的茎插枝条生根。根据Takeuchi（1987），高空压条无疑是首选的技术，因为它能在三年内产生较大的植株。

　　针对垂乳银杏资源稀缺、科研价值高、观赏价值大的情况，我们提出了一套完整的人工诱导垂乳的技术工艺，使中幼龄银杏树木生长出千年古树才具有的垂乳，以达到科学研究和观赏的目的。人工垂乳诱导技术关键（图5-4）：

　　（1）选择生长条件良好、根系发达、生长旺盛、无病虫害的5～50年生的中幼龄银杏苗木作为诱导对象，要求胸径粗度在5.0cm以上。

　　（2）选择距地面1.5cm、粗度5.0cm左右、分枝角度大、近水平的银杏骨干枝或侧枝，为了确保垂乳的观赏性，最好选择3个第一层骨干枝分别通过刻伤法诱导垂乳，诱导部位应在骨干枝距中央领导干15.0～20.0cm或侧枝的光滑部位进行，侧枝要求直径在2.0cm。

　　（3）在银杏水平枝的下方，沿中央领导干的方向呈45°角斜向切割，深达木质部，切至枝条直径的1/3为止。角度过小，切削皮过薄，极易死亡；角度过大，切削皮过厚，不易产生垂乳。

　　（4）在切口内放置与其大小相当的无菌纸片，吸收树液，使其受伤部位向下生长。

　　（5）为保护伤口，加速愈合，立即用塑料薄膜包扎，以防日晒、雨淋。

　　（6）人工诱导后及时加强肥水管理，增强树势，并做好病虫害防治工作。

三、苗木快繁

对于基生树瘤及干生树瘤上的嫩枝，为了加速苗木繁殖，利用其返幼的特点，可采用硬枝或嫩枝进行扦插繁殖。实践证明，利用树瘤上的萌条扦插成活率达95%以上，并且根数多、长势旺，2年生苗高达80cm以上，超过同龄实生苗（邢世岩，1996）。

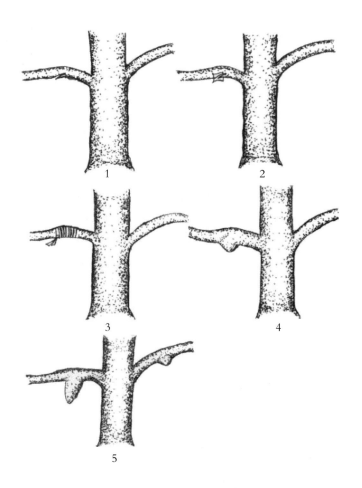

图5-4　人工诱导垂乳技术

注：1为刻伤；2为插纸片；3为绑扎；4为初生垂乳；5为中生垂乳

四、垂乳银杏传说及文化

中国民间对银杏有"挂乳吊阳"的说法，意为"一千年挂乳，三千年吊阳"，只有1000年以上树龄的树才能生有下垂的乳房状枝，3000年以上树龄的树方可长出像阳具样的树枝，这是在其他树种上少见的现象。正如Li（李正理）在1991年的文章所述，在中国使用气生垂乳繁殖有很悠久的历史。很难说这种栽植方式可追溯到古代多久，但可以引用Li Hui-Lin经典论文《银杏的园艺栽植和植物学历史》（"A Horticultural and Botanical History of Ginkgo"-Li H. L. 1956）传说中明确指出通过气生垂乳进行繁殖：据说Kao Tsung皇帝在1127年从北部开封迁移到南部的南京和杭州时，皇家列队穿越长江到达南部江苏。在到达位于苏州和上海之间的陈家镇时，一名为Kung的当地官员，采下一银杏枝条插入地面，并祈祷如果枝条存活的话，他就会定居于此。此后，枝条发育成一株大树，随后几年枝条变成多瘤的（gnarled）并弯曲的形态，并伴有很多悬垂的"树乳"，其树乳与其他珍贵树种的相类似。

在亚洲，产生大量垂乳的树体引发了很多传说，其中最著名的是至今存活在日本仙台市Miyagi-no-Hara寺庙的古树。根据Holtum对传说的解释如下：

有一天，修女Hakuko对修女Kohaku说："比起做皇帝来，我更喜欢做奶妈，我现在已经80多岁了，不知哪一天甚至今天我就要步入天堂了。当我死后，请用土堆成土堆覆盖在我的身体上，并在上面种上银杏［icho（ginkgo）］树作为坟墓的标志。我已经向佛陀立誓，在今后的日子里我会向世界上没有母乳的妇女提供奶水。这样我就能够帮助人类。"根据她的遗嘱，当修女Hakuko死后，被埋在离Kinoshita的Yakushi temple（Kokubun Amadera）寺庙内公园8cho（距离单位）远的地方。在那里建起坟墓，并在上面种上银杏树作为标记。许多年过去了，这棵树逐渐分枝并生长繁茂。长出的大的类乳状枝从树上悬垂下来。人们开始叫这棵银杏树为银杏母乳女神［Icho Ubagami（Ginkgo Nurse Goddess）］。如果有女人不能产母乳，或者母乳有限，或乳房得了什么疾病，只要他们虔诚地向这棵银杏乳树祈祷，就能够拥有产母乳的能力，乳房疾病也能通过神奇的疗法得到治愈。经历了1100多年，银杏乳树神奇的力量一直在延续，日复一日，它的朝拜者从未间断。

另一个关于银杏垂乳是生育与哺乳的象征的相似解释来自韩国，韩国银杏中心报道："古代，渴望怀孕的女人常常到银杏树类乳状枝前祈祷，或者采回枝条

煎煮。"在整个亚洲，银杏垂乳能够产生神奇液体是普遍的认识。

五、垂乳银杏旅游资源开发

银杏原产中国，一株古树就是一种文化、一种文明，诸如山东莒县浮来山定林寺天下第一银杏树、沂源织女洞叶籽银杏、四川都江堰市青城山镇青城山天师洞垂乳银杏及贵州福泉市黄丝镇邦乐村李家湾垂乳银杏、复干银杏等，是国内知名的以银杏为主题的旅游景点。我国目前发现的348株垂乳银杏旅游资源开发，对于该特异种质资源利用与研究将产生重大的经济、生态及社会效益。深秋时节，黄叶纷飞，年复一年，垂乳倒挂，异常美丽。以古垂乳银杏为主线建立银杏公园以观光、科普、教育为主导，以休闲、旅游、度假为辅，充分利用银杏文化优势，融合各种资源打造绿色旅游品牌。

参考文献

［1］吉冈金市. イチヨウの接木交杂. 果树の接木交杂によみ新种・新品种育の理论と实际. 第Ⅰ卷［M］. 新科学文献刊行会, 1967.

［2］敖自华, 王璋, 许时婴. 银杏淀粉特性的研究［J］. 食品科学, 1999：35-38.

［3］卜晓英. 虎杖营养器官与愈伤组织结构及自黎芦醇组织化学定位研究［D］. 湖南农业大学硕士学位论文, 2007. 导师：周朴华.

［4］钱丙炎, 王卫平. 银杏根钟乳的形成. 在：中国林学会银杏研究会, 山东郯城县人民政府. 第十四次全国银杏学术研讨会论文集. 银杏产品开发与市场拓展［M］. 济南：山东科学技术出版社, 2006：335.

［5］蔡霞, 张爱新, 吴鸿胡, 正海. 青藤与毛青藤茎中青藤碱积累的组织化学研究［J］. 西北植物学报, 1999, 19（1）：104-107.

［6］陈俊华. 淀粉粒在中药显微鉴别中的应用［J］. 中国中药杂志, 1991, 16（8）：454-455.

［7］陈鹏, 何凤仁, 钱伯林, 韦军, 王莉. 中国银杏的种核类型及其特征［J］. 林业科学, 2004, 40（3）：66-70.

［8］董宁光, 王清民, 陈明勇, 裴东. 木本植物内源生长素免疫胶体金定位分析技术的研究［J］. 西北植物学报, 2008b, 28（4）：0819-0825.

［9］付兆军, 邢世岩, 刘莉娟, 李真, 吴岐奎, 刘晓静, 辛红. 基生垂乳在银杏苗上的生长特性［J］. 西南林业大学学报, 2013, 33（1）：34-39.

［10］付兆军, 刘莉娟, 邢世岩, 刘晓静, 吴岐奎, 辛红. 不同处理对银杏根生垂乳形态发生及生长的影响［J］. 林业科学, 2014.

［11］付兆军, 邢世岩, 李真, 刘莉娟, 任娟霞, 刘源. 临沂生生园复干银杏生长特性［J］. 植物遗传资源学报, 2013c, 14（4）：764-770.

［12］高玲玲, 刘文哲. 远志根的形态发生及组织化学研究［J］. 热带亚热带植物学报, 2008, 16（1）：1-9.

［13］高玉葆, 任安芝, 王巍, 王金龙. 科尔沁沙地黄柳再生枝与现存枝形态和光合特征的比较［J］. 生态学报, 2002, 22（10）：1758-1764.

［14］韩晨静. 银杏与叶籽银杏胚珠发育过程中组织化学比较研究［D］. 山东农业大学硕士毕业论文, 2011. 导师：邢世岩.

［15］杭悦宇, 徐珞珊, 史德荣, 秦慧贞, 周义. 中国薯蓣属植物地下茎淀粉粒形态特征及其分类学意义［J］. 植物资源与环境学报, 2006, 15（4）：1-8.

［16］何凤仁. 银杏的栽培［M］. 南京：江苏科学技术出版社, 1989.

［17］胡适宜, 徐丽云. 显示环氧树脂厚切片中多糖、蛋白质和脂类的细胞化学方法［J］. 植物学报, 1990, 32（11）：841-846.

［18］胡正海, 余刚. 枳分泌囊的结构与发育的研究［J］. 植物学报, 1993, 35（6）：447-452.

［19］黄岩, 邢世岩. 叶籽银杏发端期分泌腔发育过程中的细胞程序性死亡［J］. 西南林业大学学报, 2012, 32（3）：1-6.

［20］黄岩, 邢世岩, 付兆军, 李真. 叶籽银杏授粉期胚珠的形态结构变化［J］. 园艺学报, 2013, 40（2）：205-212.

［21］金延明, 李胜华. 植物性中药材淀粉粒类型和特征鉴别［J］. 中国中药杂志, 1994, 19（6）：330-331.

［22］姜荣兰. 穿心莲组织的显微化学显色反应及穿心莲内酯类化合物晶体观察［J］. 植物学报, 1979, 2（1）：83-85.

［23］康杰芳, 李娜, 袁琴琴, 王喆之. 银线草营养器官结构及主要成分的组织化学定位［J］. 西北植

物学报，2010，30（12）：2412-2416.

［24］孔冬梅，常培英，程芳琴. 油松花粉中的淀粉粒［J］. 山西农业大学学报，2001，21（1）：38-41.

［25］孔祥鹤，魏朔南，李欣. 滇黄芩的解剖学与组织化学研究及其与黄芩的比较［J］. 植物分类与资源学报，2011，33（4）：414-422.

［26］廖景平，唐源江，叶秀麟，吴七根. 姜目芭蕉群植物种子解剖学研究及其系统学意义［J］. 热带亚热带植物学报，2004，12（4）：291-297.

［27］林如，曹玉芳，胡正海. 绞股蓝营养器官的结构及其人参皂甙的组织化学定位研究［J］. 西北植物学报，2002，22（4）：796-800.

［28］陆彦，王莉，潘烨，陈鹏，王颀，谢燕，金鑫鑫. 银杏雌配子体发育过程中淀粉和蛋白质的积累与代谢［J］. 园艺学报，2011，38（1）：15‐24.

［29］李娜，康杰芳，袁琴琴，王喆之. 多穗金粟兰营养器官的形态结构及组织化学研究［J］. 植物科学学报，2011，29（4）：507-511.

［30］孟祥红，王建波，韩笑冰，利容千. 棉花种子萌发过程的细胞化学动态［J］. 棉花学报，1998，10（4）：182-188.

［31］彭方仁，郭娟，陆燕，徐柏森，周坚. 银杏分泌腔发生和发育的解剖学研究［J］. 南京林业大学学报（自然科学版），2001，25（4）：41-44.

［32］彭方仁，郭娟，黄金生，周坚. 银杏分泌腔的超微结构特征及与分泌物积累的关系［J］. 林业科学，2003，39（5）：18-23.

［33］彭斯文，张明生，王玉芳. 杜鹃兰生物碱组织亿学定位初步研究［J］. 世界科学技术—中医药现代化，2009，1（5）：728-730.

［34］史宏勇，周亚福，郭建胜，刘文哲. 臭椿茎中分泌道的发育及其组织化学研究［J］. 西北植物学报，2011，31（7）：1291-1296.

［35］唐辉，Winter，覃湘. 新西兰银杏种质资源研究［J］. 广西植物，2008，28（4）：495-499.

［36］谭凯丽，廖海民. 何首乌营养器官的解剖学与蒽醌类物质组织化学研究［J］. 贵州农业科学，2010，38（2）：32-35.

［37］田维敏，吴继林，郝秉中，胡正海. 15科温带树木营养贮藏蛋白质的细胞学研究［J］. 西北植物学报，2000，20（5）：835-841.

［38］王冬梅，王学臣，张伟成. 蒜瓣鞘表皮组织中肌动蛋白纤丝跨胞分布的共焦荧光显微镜观察［J］. 植物学报，2000，42（3）：327-330.

［39］王莉，潘烨，王永平，汪琼，徐小勇，陈鹏. 银杏种实生长发育过程中胚乳淀粉体发育观察［J］. 果树学报，2007，24（5）：692-695.

［40］王莉，祁益明，谢燕，徐小勇，陈鹏. 银杏珠被中分泌腔形成与结构发育的观察［J］. 扬州大学学报（农业与生命科学版），2010，31（1）：86-90.

［41］王建波，陈家宽，利容千，王徽勤. 冠果草种子萌发过程的组织化学动态［J］. 西北植物学报，1997，17（1）：15-19.

［42］王黎，胡正海，景汝勤. 吴茱萸叶分泌囊的发育解剖学研究［J］. 西北植物学报，1990，10（3）：180-184.

［43］汪兰，邓乾春，张芸，尹志华，谢笔钧. 银杏淀粉颗粒结构及物化特性的研究［J］. 中国粮油学报，2007，22（4）：66-70.

［44］汪暖，陈志雄，刘向东. 利用激光扫描共聚焦显微镜研究拟南芥气孔发生与发育［J］. 武汉植物学研究，2007，25（2）：109-111.

［45］万朝混，阐文靖. 油茶种子萌发过程中ATPase的组织化学研究［J］. 经济林研究，1987增刊：212-214.

［46］温太辉，何晓玲. 竹类果实与淀粉形态及系统位置［J］. 植物分类学报，1989，27（5）：365-377.

［47］席湘媛，叶宝兴. 薏苡胚乳发育及营养物质积累的研究［J］. 植物学报，1995，37（2）：118-124.

［48］邢世岩，张倩，付兆军，刘莉娟，刘晓静，辛红，吴岐奎. 银杏垂乳个体发生及系统学意义［J］. 林业科学，2013，49（8）：108-116.

［49］邢世岩. 银杏树瘤［J］. 植物杂志，1996，23（3）：29-30.

［50］邢世岩，苗全盛. 银杏复干生物学特性的研究［J］. 林业科技通讯，1996b，39（2）：6-9.

［51］邢世岩，皇甫桂月，侯九寰，李方梅，张玉红，孙霞，韩峰，杨杰. 银杏优良品种种子的营养成分分析［J］. 果树科学，1997，14（1）：39-41.

［52］邢世岩. 叶用核用银杏丰产栽培［M］. 北京：中国林业出版社，1997：98-103.

［53］邢世岩，有祥亮，李可贵，郭丽红，樊纪欣. 银杏营养器官黄酮含量及变化规律的研究［J］. 林业科技通讯，1998，41（1）：10-12.

［54］邢世岩，吴德军，邢黎峰，有祥亮，张友鹏，孙霞，刘元铅. 银杏叶药物成分的数量遗传分析及多性状选择［J］. 遗传学报，2002，29（10）：928-935.

［55］邢世岩，李士美，韩晨静，张芳，唐海霞. 叶籽银杏胚乳淀粉特性及其系统学意义［J］. 园艺学报，2010，37（3）：345 - 354.

［56］邢世岩. 中国银杏种质资源［M］. 北京：中国林业出版社，2013.

［57］史继孔. 贵州盘县特区银杏品种资源［J］. 贵州农业科学，1983，1：41-44.

［58］史继孔. 银杏生态学特性初探［J］. 贵州农业科学，1992，3：48-52.

［59］徐丽云，胡适宜. 环氧树脂厚切片的染色［J］. 植物学通报，1986，4（1-2）：108-110.

［60］杨晓燕，吕厚远，刘东生，韩家懋. 粟、黍和狗尾草的淀粉粒形态比较及其在植物考古研究中的潜在意义［J］. 第四纪研究，2005，25（2）：224-227.

［61］向淮，涂成龙，向应海. 贵州盘县特区银杏种质资源调查报告—贵州古银杏种质资源考察资料V［J］. 贵州科学，2003，21（1-2）：159-174.

［62］杨永，傅德志. 松杉类裸子植物的大孢子叶球理论评述［J］. 植物分类学报，2001，39（2）：169～191.

［63］袁子祥，王友良. 人工诱导"银杏树奶"在中、幼龄银杏树上初获成功［J］. 浙江林业科技，1994，14（6）：24.

［64］袁子祥，王友良. 银杏树奶在中、幼年树上诱导成功［J］. 林业科技开发，1995，4：35.

［65］叶秀麟，杨子德，徐是雄等. 鹤顶兰胚囊发育过程中微管变化的共焦显微镜观察［J］. 植物学报，1996，38（9）：677-685.

［66］赵桂仿. 漆树解剖学研究［J］. 中国生漆，1983，2（3）：6-11.

［67］张健，吕柳新，叶明志. 胚胎败育型荔枝胚胎发育异常的显微及亚显微观察［J］. 河南农业大学学报，2006，40（2）：194-197.

［68］张宪省，贺学礼. 植物学［M］. 北京：中国农业出版社，2005：40.

［69］郑士光，贾黎明，庞琪伟，等. 平茬对柠条林地根系数量和分布的影响［J］. 北京林业大学学报，2010，32（3）：64-69.

［70］周志炎. 中生代银杏类植物系统发育、分类和演化趋向［J］. 云南植物研究，2003，25（4）：377-396.

［71］钟恒，李植华，廖文波. 石松类和水韭类的根托与根座［J］. 植物学通报，1997，14（2）：61-64.

［72］周竹青，朱旭彤，王维金，兰盛银. 不同粒型小麦品种胚乳淀粉体的扫描电镜观察［J］. 电子显微学报，2001，20（3）：178-184.

［73］闵义，姚远，王静，胡新文，郭建春. 木薯块根膨大初期淀粉体形态及发育的扫描电镜观察［J］. 电子显微学报，2010，29（4）：379-384.

［74］Alain C, Bourgeois G, Balz J P. The secretory apparatus of *Ginkgo biloba*: structure, differentiation and

analysis ofthe secretory products［J］. Tree, 1990, 4(4):171−178.

［75］ Altamura M M. Root histogenesis in herbaceous and woody explants cultured in vitro［J］. A critical review. Agronomie, 1996, 16: 589−602.

［76］ Ameele R J. Development anatomy of secretory cavities in the microsporophylls of *Ginkgo biloba*［J］. Amer Bot, 1980, 67(6): 912−917.

［77］ Ayadi R, Tremouillaux−Guiller J.Root formation from transgenic calli of *Ginkgo biloba*［J］. Tree Physiol, 2003, 23: 713‑718.

［78］ Baker J R. Cytological technique［J］. 2nd ed London, 1945.

［79］ Bamber R K and Mullette K J. Studies of the lignotubers of Eucalyptus gummifera (Gaertn. and Hochr.) II［J］. Anatomy. Austral. J. Bot. , 1978, 26: 15−22.

［80］ Barbidge N T. The phytogeography of the Australian region［J］. Austral. J. Bot., 1960, 8: 75−211.

［81］ Balusˇka F, Salaj J, Mathur J, Braun M, Jasper F, Sˇamaj J, Chua N−H, Barlow PW, Volkmann D. Root hair formation: F−actin−dependent tip growth is initiated by local assembly of profilin−supported F−actin meshworks accumulated within expansin−enriched bulges［J］. Dev Biol, 2000, 227: 618−632.

［82］ Barlow P W, Brain P, Powers S J. Estimation of directional division frequencies in vascular cambium and in marginal meristematic cells of plants［J］. Cell Prolif, 2002, 35: 49−68.

［83］ Barlow P W, Volkmann D, Balusˇka F. Polarity in roots//Lindsey K (ed) Polarity in plants［M］. Blackwell Publishing, Oxford, 2004, pp: 192−241.

［84］ Barlow P W. From cambium to early cell differentiation within the secondary vascular system//Holbrook N M, Bond W J, van Wilgen B W (ed) Fire and plants［J］. London: Chapman & Hall, 2005, pp: 192−241.

［85］ Barlow P W, Kurczynska E U. The anatomy of the chi−chi of *Ginkgo biloba* suggests a mode of elongation growth that is an alternative to growth driven by an apical meristem［J］. J Plant Res, 2007, 120: 269−280.

［86］ Beadle N C W. Some aspects of the ecology and physiology of Australian xeromorphic plants［J］. Austral. J. Sci., 1968, 30: 348−355.

［87］ Bechtel D B, Zayas I Y, Kaleikau L, Pomeranz Y. Size distribution of wheat starch granules during endosperm development［J］. Cereal Chemistry, 1990, 67: 59−63.

［88］ Begovic B M. Nature's miracle *Ginkgo biloba* L. 1771−All about ginkgo (or maidenhair tree) (Vol 1−4):www. ginkgo−project. blogspot. com/. 2011.

［89］ Blilou I, Xu Jian, Wildwater M, Willemsen V, Paponov I, Friml J, Renze H, Aida M, Palme K, Scheres B. The PIN auxin efflux facilitator network controls growth and patterning in Arabidopsis roots［J］. Nature,2005, 433(7021): 39−44.

［90］ Bruchmann H. Vonden Wurzeltragern der Selaginell kraussiana［J］. A. Br. Flora, 1905, 95: 150−166.

［91］ Casero P J, Casimero I, Lloret P G. Lateral root initiation by asymmetrical transverse divisions of pericycle cells in four plant species: Raphanus sativus, Helianthus annuus, Zea mays, and Daucus carota［J］. Protoplasma, 1995, 188: 49−58.

［92］ Carr D J, Jahnke R, Carr S G M. Initiation, development, and anatomy of lignotubers in some species of Eucalyptus［J］. Aust J Bot, 1984, 32 (4): 415−437.

［93］ Carlqulst S J. Wood anatomy and relationships of the Geissolomataceae. Bull［J］. Torrey Bot. Club, 1975, 102: 128−134.

［94］ Carlqulst S J. Wood anatomy of Grubbiaceae［J］. J. S. Afr. Bot., 1977, 43: 129−144.

［95］ Carlqulst S J. Wood anatomy of Bruniaceae: Correlations with ecology, phylogeny, and organography［J］. Aliso, 1978, 9(2): 323−364.

［96］ Chaffey N, Barlow P W. Actin in the secondary vascular system of woody plants. In: Staiger CJ, Balusˇka

F, Volkmann D, Barlow PW (eds) Actin: a dynamic framework for multiple plant cell functions［J］. Kluwer Academic, Dordrecht, 2000: 587−600.

［97］ Chattaway M M. Bud development and lignotuber formation in eucalypts［J］. Austral J. Bot., 1958, 6: 103−115.

［98］ Dallimore W, Jackson A B. A handbook of Coniferæ including Ginkgoaceae, 3rd edn., 1948, Arnold, London.

［99］ Dangl J L, Dietrieh R A, Thomas H. Senescence and programmed cell death//Buchanan B, Gruissem W, Jones R, et al (ed). Biochemistry and Molecular Biology of Plants. Rockville M D, American society of Plant Biologists, 2000: 1044−1100.

［100］ Del Tredici P. The Ginkgo in America［J］. Arnoldia, 1981, 41: 150−161.

［101］ Del Tredici Peter. The architecture of *Ginkgo biloba* L. L'ARBRE. Biologie ET Developpement−C. Edelin ed. −Naturalia Monspeliensia n° h. s. 1991: 155−167.

［102］ Del Tredici P, Ling Hsieh, Yang Guang. The Ginkgos of Tian Mu Shan［J］. Conservation Biology, 1992, 6(2): 202−209.

［103］ Del Tredici P. Natural Regeneration of *Ginkgo biloba* from Downward Growing Cotyledonary Buds (Basal Chichi)［J］. American Journal of Botany, 1992, 79(5): 522−530.

［104］ Del Tredici P. Where the wild ginkgos grow［J］. Arnoldia, 1992, 52(4): 2−11.

［105］ Del Tredici P. Ginkgo chichi in nature, legend & cultivation［J］. International Bonsai, 1993, 4:20−25.

［106］ Del Tredici P. Lignotuber formation in Sequoia sempervirens: developmental morphology and ecological significance// Edelin C. 3 rd international congress, "The tree", September, Montpellier, France［J］. Naturalia Monspeliensia, 1995: 11−15.

［107］ Del Tredici P. Lignotuber formation in *Ginkgo biloba*. In T. Hori, R.W. Ridge, W. Tulecke, P. Del Tredici, J. Tremouillaux−Guiller, and H. Tobe (eds.). *Ginkgo biloba*−A Global Treasure［M］. Springer−Verlag, Tokyo, 1997: 119−126.

［108］ Dong M de Kroon H. Plasticity in morphology and biomass allocation in Cynodon dactylon, a grass species forming stolons and rhizomes［J］. Oikos, 1994, 70: 99−106.

［109］ Dong B C, Yu G L, GuoW, Zhang M X, Dong M, Yu F H. How internode length, position and presence of leaves affect survival and growth of Alternanthera philoxeroides after fragmentation［J］. Evolutionary Ecology, 2010, 24: 1447−1461.

［110］ Dong B C, Zhang M X, Alpert P, Lei G C, Yu F H. Effects of orientation on survival and growth of small fragments of the invasive, clonal plant Alternanthera philoxeroides［J］. PloS One, 2010b, 5: e13631.

［111］ Esau K. Plant Anatomy(2nd ed.)［M］. NewYork: John Wiley and Sons, 1965: 317−318.

［112］ Fahn A. Secretory tissues in plants［M］. London: Academie Press, 1979: 176−209.

［113］ Favre−Duchartre M.. Ginkgo,An oviparous plant［J］. Phytomorphology, 1958, 8: 377−390.

［114］ Fujii K.On the Nature and origin of so−called " Chichi "(nipple)of *Ginkgo biloba* L［J］. Bot Mag (Tokyo). 1895, 9: 444−450.

［115］ Fritz K. Redwood burls［J］. American Forests, 1928, 34: 10−11.

［116］ Friedman W E. Morphogenesis and experimental aspects of growth and development of the male gametophyte of *Ginkgo biloba* in vitro［J］. Amer. J. Bot., 1987, 74: 1816−1830.

［117］ Gersani M. Vessel differentiation along different tissue polarities［J］. Physiol Plant, 1987, 70: 516−522.

［118］ Gersani M, Sachs T. Perception of gravity expressed by vascular differentiation［J］. Plant Cell Environ. 1990, 13: 495−498.

[119] Groom P, Wilson S E. On the pneumatophores of paludal species of Amoora, Carapa, and Heritiera [J]. Ann Bot, 1925, 39: 9−24.

[120] Handa M. *Ginkgo biloba* in Japan [J]. Arnoldia, 2000, 60(4): 26−34.

[121] Henry E C. A method for obtaining ribbons of serial sections of plastic embedded specimens [J]. Stain Technol, 1977, 52: 59.

[122] Hu, Y H. Chinese Penjing. Timber Press, Portland, OR, 1987.

[123] Hutchings M J, de Kroon H. Foraging in plants: the role of morphological plasticity in resource acquisition [J]. Advances in Ecological Research, 1994, 25: 159−238.

[124] James S. Lignotubers and burls−their structure, function, and ecological significance in Mediterranean ecosystems [J]. Bot Rev, 1984, 50: 225−266.

[125] Kato M, Imaichi R.Morphological diversity and evolution of vegetative organs in Pteridophytes. In: Iwatsuki K, Raven PH (eds) Evolution and diversification of land plants [M]. Springer, Tokyo, 1997: 27−43.

[126] Kerr L R. The lignotubers of eucalypt seedlings [J]. Proc. Royal Soc. Victoria, 1925, 37: 79−97.

[127] Keeley J E. Resilience of mediterranean shrub communities to fires//Dell B, Hopkins A J M, Lamont B B (ed) Resilience in Mediterraneantype ecosystems [J]. The Hague: Dr W. Junk Publishers, 1986: 95−112.

[128] Kirschner H, Sachs T, Fahn A. Secondary xylem reorientation as a special case of vascular tissue differentiation [J]. Israel J Bot., 1971, 20: 184−198.

[129] Korovin V V. On the biological significance of birch burls. Moskovskoe Obshchestvo, 1971.

[130] Kobendza R. Milorzab dwudzielny (*Ginkgo biloba* L.) Rocznik Sekc. Dendrolog. Pol.Tow. Bot, 1957, 12: 39−65.

[131] Kummerow J. Structural aspects of shrubs in Mediterranean−type plant communities [J]. Options Me'diterrane'ennes−Se'rie Se'minaires, 1989, 3: 5−11.

[132] Kurczyn'ska E U, Hejnowicz Z.Perception of gravity expressed by production of cambial callus in ash (Fraxinus excelsior L.) internodes. Acta Soc Bot Polon. 2003, 72: 207−211.

[133] Lee C L (Lee Chenglee), L M Black.Anatomical studies of Trifolium incarnatum infected by wound−tumor virus [J]. Amer J. Bot. 1956, 42: 160−168.

[134] Li H L. A horticultural and botanical history of ginkgo [J]. bulletin of the morris arboretum, 1956, 7: 3−12.

[135] Li Hui−Lin. Ginkgo−the maidenhair tree [J]. Amer. Hort. Mag, 1961, 40: 239 ~ 249.

[136] Li Zhengli(Lee chenglee) and Lin jinxing. Wood anatomy of the stalactite−like branches of ginkgo [J]. IAWA Bulletin n. s., 1991, 12(3): 251−255.

[137] Lovell P H, White J. Anatomical changes during adventitious root formation. In: Jackson MB (ed) New root formation in plants and cuttings [M]. M Nijhoff Publishers, Dordrecht. 1986: 111−140.

[138] Lu P, Jernstedt J A. Rhizophore and root development in Selaginella martensii: meristem transitions and identity [J]. Int J Plant Sci, 1996, 157: 180−194.

[139] Melzheimer V and Lichius J J. *Ginkgo biloba* L.: aspects of the systematical and applied botany. in T. van Beek (ed.), *Ginkgo biloba* [M]. Amsterdam: Harwood Academic Publishers , 2000: 25−47.

[140]Menezes N L de. Rhizophores in Rhizophora mangle L.: an alternative interpretation of so−called "aerial roots" [J]. Anais Acad Bras Cieˆnc, 2006, 78: 213−226.

[141] Mobius M. Der Ginkgo Und Die "Chichi" [J]. Natur Und Museum, 1931, 61: 32−33 (in German).

[142] Mibus R, Sedgley M. Early lignotuber formation in Banksia: investigations into the anatomy of the cotiledonary node of two Banksia (Proteaceae) species [J]. Annals of Botany, 2000, 86: 575−587.

[143] Molinas M L, Verdaguer D. Lignotuber ontogeny in the cork−oak(Quercus suber: Fagaceae)//

Germination and young seedling［J］. Amer J Bot, 1993, 80: 181−189.

［144］Molisch H. Im lande der aufgehenden sonne［M］. Springer Verlag. Wien, 1927.

［145］Montain C R, Haissig B E, Curtis J D. Differentiation of adventitious root primordia in callus of Pinus banksiana seedling cuttings［J］. Can J Forest Res, 1983, 13: 195−200.

［146］Mundry M, Stutzel T. Morphogenesis of leaves and cones of male short−shoots of *Ginkgo biloba* L［J］. Flora, 2004, 199: 437−452.

［147］Natalia S S. A unique mode of the natural propagation of *Ginkgo biloba* L.−The key to the problem of its "survival"［J］. Acta Paleobot, 1994, 34(2): 215−223.

［148］Noble J C. Lignotubers and meristem dependence in mallee (Eucalyptus spp.) coppicing after fire［J］. Australian Journal of Botany, 2001, 49: 31−41.

［149］O'Brien T P and Mcculy M E. The study of plant structure［M］. Australia: Termarcarphi, Pty. Ltd., 1981.

［150］Oyama L. How to Develop Bonsai, Volume 5: Deciduous Bonsai［M］. Tai Bun Kan Publishers: Tokyo, japan (in Japanese), 1972.

［151］Parker M L. The relationship between A−type and B−type starch granules in the developing endosperm of wheat［J］. Journal Cereal Science, 1985, 3: 271−278.

［152］Pearse A G E. A review on mordern methods in histochemistry［J］. J. Clin. Path, 1951, 4:1−36.

［153］Robert H S & Friml J. Auxin and other signals on the move in plants［J］. Nature chemical biology, 2009, 5(5): 325−332.

［154］Romberger J A, Hejnowicz Z, Hill JF.Plant structure: function and development［M］. Springer, Berlin Heidelberg New York, 1993.

［155］Richert E T. The Differentiation and specificity of starches in relation to genera, species, etc［M］. Wangshington D C: Carnegie Institute of Wangshington, 1913:1−342.

［156］Sakisaka M. On the seed−bearing leaves of Ginkgo［J］. The Jour Jap Bot, 1929: 219−238.

［157］Schelkle M, Ursic M, Farquhar M et al. The use of laser scanning confocal microscopy to characterize mycorrhizas of *Pinus strobus* L.and to localize associated bacteria［J］. Mycorrhiza, 1996, 6(5): 431−440.

［158］Scholz R. Microchemical studies of the changes during vernal activity in *Ginkgo biloba*［J］. J Elisha Mitchell Sci Soc, 1932, 48: 133−137.

［159］Schrader J, Baba K, May S T, Palme K, Bennett M, Bhalerao R P, Sandberg G.Polar auxin transport in the woodforming tissues of hybrid aspen is under simultaneous control of developmental and environmental signals［J］. Proc Natl Acad Sci USA, 2003, 100: 10096−10101.

［160］Sealy J R. The swollen stem−base in Arbutus unedo［J］. Kew bull, 1949, 4: 241−251.

［161］Seward A C. Plant life through the ages［M］. Cambrige Unive. Press, Cambridge, 1933.

［162］Seward A C. The story of the maidenhair tree［J］. Science Progress(England). 1938, 32(127): 420−440.

［163］Senata WCzi−czi inne naros' na mi'orze'bach (*Ginkgo biloba* L.) w Polsce. (Chi−chi and other burs on maidenhair trees (*Ginkgo biloba* L.) in Poland) (in Polish)［J］. Rocznik Dendrologiczny, 1990/1991, 39: 117 - 128.

［164］Shi P, Wang D Y, Cui K M. Microstructural, ultrastructural and nDNA changes of the cells during the apical bud senescence in pea［J］. Acta Scientiarum Naturalium Universitatis Pekinensis, 2002, 38: 204−211.

［165］Singh N, Singh J, Kaur L, et al. Morphological, thermal and rheological properties of starches from different botanical sources［J］. Food Chemistry, 2003, 81: 219−231.

［166］Snigirevskaya N S. A unique mode of the natural propagation of *Ginkgo biloba* L. −the key to the problem of its "survival"［J］. Acta Paleobot, 1994, 34(2): 215−223.

［167］Spicer R and Groover A. Evolution of development of vascular cambia and secondary growth［J］.

New Phytologist. 2010, 186: 577–592.

［168］Srivastava L M. Cambium and vascular development of *Ginkgo biloba*［J］. J Arnold Arboretum, 1963, 44: 165–188.

［169］Stamp N. Out of the quagmire of plant defense hypotheses［J］. Quarterly Review of Biology, 2003, 78(1): 23–55.

［170］Stuefer J F. Division of labour in clonal plants? On the response of stoloniferous herbs to environmental heterogeneity［M］. Dissertation, Utrecht University Press, 1997.

［171］Takami W. Observation on*Ginkgo biloba* L［J］. J. Jap. Bot, 1955, 30(11): 340–345.

［172］Tanaka H, Dhonukshe P, Brewer P B and Friml J. Spatiotemporal asymmetric auxin distribution:a means to coordinate plant development［J］. Cell. Mol. Life Sci, 2006, 63: 2738–2754.

［173］Teper–Bamnolker P, Buskila Y, Lopesco Y, Ben–Dor S, Saad I, Holdengreber V, Belausov E, Zemach H, Ori N, Lers A, and Eshel D. Release of apical dominance in potato tuber is accompanied by programmed cell death in the apical bud meristem［J］. Plant Physiology, 2012, 158: 2053–2067.

［174］Tralau H. The phytogeographic evolution of the genus *Ginkgo biloba* L［J］. Botaniska Notiser, 1967, 120: 409–422.

［175］Turner G W. A brief history of the lysigenous gland hypothesis［J］. The Botanical Review, 1999, 65: 76–88.

［176］Verdaguer D and Ojeda F. Evolutionary transition from resprouter to seeder life history in two erica (Ericaceae) species: Insights from seedling axillary buds［J］. Annals of Botany, 2005, 95: 593–599.

［177］Von kammeyerh F. Ein zweiter Ginkgo mit Tschitchi–bildung gefunden. Mitteil. Deutsch. Dendrol［J］. Gesellschft, 1957–1958, 60: 85–86.

［178］Waller F, Riemann M, Nick P. A role for actin–driven secretion in auxin–induced growth［J］. Protoplasma, 2002, 219: 72–81.

［179］White P R, W F Millington.The structure and development of a woody tumor affecting Picea glauca ［J］. Amer. J. Bot, 1954, 41: 353–361.

［180］Whittock S P, Apiolaza L A, Kelly C M, Potts B M. Genetic control of coppice and lignotuber development in Eucalyptus globulus［J］. Australian Journal of Botany, 2003, 51: 57–67.

［181］Wochok Z S. and Sussex I M. Morp hogenesis in Selaginella: Auxin transport in the root (rhizophore) ［J］. Plant Physiol., 1974, 53: 738–741.

［182］Zhun Xiang, Yinghai Xiang, Bixia Xiang, and Peter Del Tredici. The Li Jiawan Grand Ginkgo King［J］. Arnoldia, 2009, 66(3): 26–30.

［183］Zhou Z Y, Wu X W. The rise of ginkgoalean plants in the early Mesozoic: a data analysis［J］. Geological Journal, 2006, 41(3–4): 363–375.

后 记

在本书出版之际，对安徽省、北京市、福建省、甘肃省、广东省、贵州省、河南省、湖北省、湖南省、江苏省、江西省、山东省、陕西省、四川省、浙江省、重庆市、云南省、山西省、河北省等林业、园林、城建、旅游等相关厅、局、站各位领导、同仁为本书提供材料和协助调查表示衷心的感谢。云南腾冲县滕文凤，山东沂源县林业局、织女洞林场的董春耀、徐连科、岳进成、崔希峰等，先后提供了支持和帮助，从而保证了本书能够收集并保存国内目前为止已经发现的所有垂乳银杏种质，没有这些专家教授和同仁的帮助，就不可能有本书的垂乳银杏资源，正是因为有了这些宝贵的资源，才保证研究的正常进行，特此感谢。

在这本书出版的同时要特别感谢南京林业大学曹福亮校长、施季森教授、方升佐教授、彭方仁教授、伊冬明教授、汪贵斌教授、张往祥及郁万文博士；扬州大学的陈鹏、王莉教授；广西师范大学的邓荫伟教授；中南林业科技大学的谭晓凤教授、王义强教授；山东省林业厅李登开副巡视员、亓文辉副厅长、吴庆刚厅长、张保卫书记、王太明副巡视员、种苗站徐金光站长、解荷锋副站长、李景涛科长；山东省林业科学研究院姜岳忠院长、吴德军副院长、邢尚军副院长、侯立群副院长、刘德玺副院长、夏阳主任、许景伟教授、房用、孙蕾、房义福、荀守华、汤天明研究员，林木种质资源中心李文清主任、刘启虎副主任、解孝满副主任、造林处周庆明处长、孙成南副处长、经济林站公庆党站长、项目办贾刚主任、慕宗昭副主任、设计院陈景和院长、王家福副院长、科技处王建平处长、韩同春副处长、杨社良副处长，产业处隋道庆处长以及林业厅的孙玉刚站长、姜敏调研员、李成金处长、岳炳勋处长、陆冬主任、田文侠付主任、吴得主任、刁训禄副主任，药乡国家森林公园李新明场长、王正华场长；泰山林业科学研究院冯殿齐教授、王玉山研究员；山东农业大学科技处米庆华处长、毛志泉副处长、张友朋科长及林学院的牟志美院长、刘霞院长、刘训理书记、赵兰勇副院长、刘刚副院长、鲁法典副院长、张光灿主任、吴绪东主任、林全业教授、臧德奎教授、杨克强副教授；山东莱州小草沟园艺场宋永诗、宋永果；辽宁省经济林研究所李连茹；郯城县皇甫桂月、侯九寰、苏明洲、樊纪欣、高森、王宗喜；烟台市林科院杨正辉、赵广球、高万斌、曹国玉、祁树安等等长期以来对我研究银杏的大力支持和帮助！

感谢国家自然科学基金委员会、国家林业局、山东省科技厅的相关领导和专家为银杏研究工作的支持，尤其对本书资料收集、外业拍照做出贡献的单位和个人一并致谢！

本研究经费及出版经费均来自基金项目：

（1）国家自然科学基金：叶籽银杏EFRO发育过程中基因组DNA甲基化水平、模式及维持机制（项目批准号：31070589，2011-2013）；

（2）国家自然科学基金：叶籽银杏叶生雌性生殖器官的个体发生、结构及其系统学意

义（项目批准号：30872040，2009-2011）；

（3）国家自然科学基金：叶籽银杏*matK*、*trnS-trnG*、*ITS*和*Adh*序列分析及系统发育研究（项目批准号：30671707，2007-2009）；

（4）国家教育部高等学校博士学科点专项科研基金（20093702110009，2010-2012）；

（5）山东省自然科学基金（2009ZRB01182）：叶籽银杏EFRO发育过程中miRNA克隆、功能分析及进化意义；

（6）山东农业大学博士基金、山东省博士基金项目：山东古银杏种质遗传多样性的AFLP与ISSR研究；

（7）特殊林木后备资源培育——山东省特殊林木后备资源培育项目监测，国家林业局（2011-2015）；

（8）国家科技支撑计划课题——商品林定向培育关键技术研究与示范（2012BAD21B00）-银杏和印楝珍贵材用和药用林定向培育关键技术研究与示范（2012BAD21B04）（2012-2016）；

（9）山东省农业良种工程课题子课题名称：林木种质资源收集保护与评价的研究-珍贵乡土树种种质资源收集保存与评价（鲁农良字［2011］7号，201009）（2011-2015）；

（10）国家植物种质资源共享平台-国家林木（含竹藤花卉）种质资源平台（平台子系统）：银杏和侧柏种质资源节点（2013-39，2013-2015）；

（11）山东省农业良种工程课题-高抗逆生态防护树种良种选育（200599，200690）。

山东农业大学林学院，泰安

2014年8月20日